华东林药生态种植技术

彭　昕　王志安　主编

中国轻工业出版社

图书在版编目（CIP）数据

华东林药生态种植技术 / 彭昕，王志安主编 . — 北京：中国轻工业出版社，2022.2

ISBN 978-7-5184-3627-9

Ⅰ . ①华… Ⅱ . ①彭… ②王… Ⅲ . ①药用植物—栽培技术 Ⅳ . ① S567

中国版本图书馆 CIP 数据核字（2021）第 166499 号

责任编辑：王　韧　　责任终审：劳国强　　整体设计：锋尚设计

策划编辑：江　娟　　责任校对：吴大朋　　责任监印：张　可

出版发行：中国轻工业出版社（北京东长安街6号，邮编：100740）

印　　刷：天津图文方嘉印刷有限公司

经　　销：各地新华书店

版　　次：2022年2月第1版第1次印刷

开　　本：720×1000　1/16　印张：11.25

字　　数：207千字

书　　号：ISBN 978-7-5184-3627-9　定价：68.00元

邮购电话：010-65241695

发行电话：010-85119835　传真：85113293

网　　址：http://www.chlip.com.cn

Email：club@chlip.com.cn

如发现图书残缺请与我社邮购联系调换

210483K1X101ZBW

本书编写人员

主　　编　彭　昕　王志安

副 主 编　李振皓　杨维杰　邵清松　何国庆　程诗明　程科军

参编人员　成　亮　戴笑莹　葛君霞　季　涛　李明焱　马巧群

马方芳　潘俊杰　乔海军　王　瑛　王太庆　吴　梅

邢丙聪　徐　靖　徐　梁　周　根　朱珊珊

主编简介

彭昕　浙江大学宁波科创中心教授，入选浙江省“万人计划”，宁波市突出贡献专家，宁波市领军拔尖人才，获中国博士后科学基金特别资助，宁波市五一劳动奖章等。国家林草局三叶青西红花工程技术研究中心副主任、浙江省重点产业技术联盟—浙江省三叶青产业技术联盟专家委员会主任、中国中西医结合学会分子生药学专业委员会委员、浙江省药学会中药与天然药物专业委员会委员、浙江省中药材产业协会特邀理事等。主要从事中药品质评价及资源开发利用等研究。发表论文50余篇，授权发明专利15项，出版专著3部，制定行业标准等3项。

王志安　浙江省中药研究所所长，教授级高工，国家中药材产业技术体系岗位科学家，浙江省“151”人才，浙江省中药材新品种选育重大科技专项首席专家，浙江省药学会中药与天然药物专业委员会主任。长期从事中药材遗传育种、栽培加工、中药炮制等研究。主持国家重大科技专项及省部级重大科技专项课题20余项，获2021年“浙江省农业科技先进工作者”荣誉称号。发表论文100余篇，授权发明专利9项，出版专著等15部，育成中药材新品种10余个。

序

中医药作为我国独特的卫生资源、潜力巨大的经济资源、具有原创优势的科技资源、优秀的文化资源和重要的生态资源，在经济社会发展全局中有着重要的价值和作用。在脱贫攻坚工作中，中医药作为生态资源，通过林下中药材产业发展，使一片片生态林变成了致富林，一个个贫困村变成了新农村，为脱贫攻坚和乡村振兴做出了重要贡献。

中药材是中医防病治病的物质基础，其质量的稳定和提升决定着中医药疗效的发挥，随着中药产业迅猛增长，野生资源日渐耗竭，人工栽培已成为解决中药资源短缺的主要方式。随着人们质量意识的增强、需求层次的提升，对中药材质量和安全性提出了更高要求，高品质中药生产关键技术已成为中医药重大工程技术难题之一。因此通过探索林下仿野生生态种植，让药材回归深山老林，因地制宜地进行林药复合经营，对保障临床对优质药材的需求、助力中医药事业健康发展、优化生态环境、促进山区群众增收致富等均具有十分重要的意义，也是实现“两山”理论的具体实践，是推进山区跨越式发展的有力举措。

《华东林药生态种植技术》既有相关资料的挖掘，又包含了前沿研究成果和实例，理论与实践相结合，历史文献记载与现代研究相结合，对每种药材资源分布、生境特征、药用价值、产业现状进行了分析，详细阐述了种苗繁育、种植技术、采收加工、质量监控等药材生产关键技术环节，特别是对不同模式的种植成本及效益进行了详细比较，结构层次清晰，内容丰富，生产技术过程附有大量清晰照片，直观生动，语言通俗，使人看得懂、用得上，对林药生态种植模式的推广具有十分重要的作用，是从事林药生态种植、加工、生产经营、检验检测等工作的科技人员和一线生产者非常实用的参考工具，是新时期实现中药材生产标准化、管理规范化，保障中药材种植产业转型及高品质发展的重要代表作。

在该书出版之际，谨作此序向各位读者推荐，并向编者致贺！

国家中医药管理局原副局长

中国中药协会原会长

房书亭

前言

中华民族几千年来都是靠中医药治病救人，特别是经过抗击新冠肺炎疫情、传染性非典型肺炎疫情等重大传染病之后，我们对中医药的作用有了更深的认识。中西医结合、中西药并用，是新冠肺炎疫情防控的一大特点，也是中医药传承精华、守正创新的生动实践。

随着改革开放的不断深入，我国人民生活水平逐步提高、人口老龄化加剧以及医疗保障体制不断完善，加之健康中国战略的实施，特别是人民群众对中医药认知度逐渐提高，对中医药治疗和预防药物、健康养生产品、以药食两用药材为原料的功能性食品等的需求量与日俱增，有力促进了中医药事业及中药产业的迅猛发展，同时人们对中药材的数量和质量都提出了更高的要求。

改革开放以来，大田栽培药材迅速发展，特别是在资源评价、品种选育、栽培营养、病虫害防治等方面取得了显著成效，为保障中药临床供应做出了巨大贡献。但随着人们质量意识的增强、需求层次的提升，对中药材质量和安全性提出了更高要求，目前一些中药材，例如华东地区特色优势药材铁皮石斛、三叶青等栽培历史较短，过去以采收林下野生药材为主，品质较好，而当前实际生产中常常采用“大水大肥”的农田种植模式，过度追求产量，不利于药材的品质提升，特别是一些药材近年刚刚开始从“野生”变为“家种”，对大田种植技术和种植模式的研究较少，缺乏相应的技术规程和标准，药材品质得不到保证。因此通过探索林药生态种植技术，让阴生或耐阴药材回归林下或林缘，生产安全、有效、稳定的药材，对保障临床对优质药材的需求、助力中医药事业健康发展、优化林区生态环境、促进当地群众增收致富等均具有十分重要的意义。

为了顺应新时期实现中药材种植标准化、管理规范化的新要求，保障中药材种植业转型及高质量发展，为从事林药生态生产经营、检验检测等工作的科技人员和一线生产者提供参考资料，故编写了《华东林药生态种植技术》一书，结合历史文献记载与现代实践研究，对每种药材资源分布、生境特征、药用价值、产业现状进行了分析，通过大量生产现场照片展示了种苗繁育、种植模式、采收加工、质量监控等药材生产技术环节，力求直观和实用。

本书在编写过程中参考并引用了相关专家学者的宝贵资料和经验，得到了中国工程院陈剑平院士和中国科学院钱前院士的支持和充分肯定，并专门为本书写了推荐信，国家中医药管理局原副局长房书亭为本书作序，在本书即将付梓之际，在此表示衷心的感谢。由于编者技术水平、表达能力等种种原因，部分内容不够完善或有遗漏，希望得到广大读者的谅解，并恳请读者对本书提出宝贵意见，以便进一步修改完善。

编者

2021年10月

目录

第一章　铁皮石斛

第二章　三叶青

第三章　灵芝

第四章　白及

第五章　黄精

第六章　重楼

第七章　乌药

第八章　金线莲

第九章　青钱柳

第十章　食凉茶

绪论

随着经济发展、社会进步和人民生活水平的提高，社会对加快林业发展、改善生态状况的要求越来越迫切，林业在经济社会发展中的地位和作用越来越突出。林业产业是农民增收致富的主要渠道之一，也是以产业带动就业的重要手段之一。在脱贫攻坚迈向乡村振兴的重要时期，我国林业资源丰富的地区纷纷把林下经济作为突破口。林下经济是指在可持续发展理念指导下，以保护优化森林生态为基础，充分利用森林资源和林地空间，通过林下种植、林下养殖、相关产品采集加工和森林景观利用等多种途径提高林地综合利用效率和经营效益，达到经济社会发展与森林资源保护双赢的一种生态经济发展模式。

我国在2003年提出了“林下经济”的概念；2010年中央1号文件中提出“因地制宜发展林下种养业”；2012年国务院办公厅出台了《关于加快林下经济发展的意见》；2014年国家林业局发布《全国集体林地林下经济发展规划纲要（2014—2020年）》，对林下经济进行了总体布局。在此背景下，各地纷纷出台包括财政专项补贴资金在内的扶持措施，逐渐形成了发展林下经济的政策环境和良好氛围。2020年10月国家发改委、国家林业和草原局等十部门联合发布《关于科学利用林地资源促进木本粮油和林下经济高质量发展的意见》，到2025年，促进木本粮油和林下经济产业规模化、特色化水平全面提升，总面积保持在3亿亩（1亩=666.7m^2，余同）以上，林下经济年产值达1万亿元，意见的发布为林下经济发展带来新机遇。各地因地制宜，结合当地气候、水土等条件，大力发展林下种植业，先后探索出林菌、林药、林菜、林畜等典型模式，取得一定成效，成为当地农民增加收入的一条新路子，使农、林、牧各业实现资源共享、优势互补、循环相生、协调发展的生态农业模式，发挥生态资源优势，推进产业转型升级，提高林业综合效益，促进群众脱贫致富，践行“绿水青山就是金山银山”的理念。

1．华东地区山地林区概况

华东地区位于中国东部，自北向南包括山东省、江苏省、安徽省、上海市、浙江省、江西省、福建省和台湾省，总面积83.43万km^2，约占中国国土面积的8.7%，属亚热带湿润性季风气候和温带季风气候。气候以淮河为分界线，淮河以北为温带季风气候，以南为亚热带季风气候，雨量集中于夏季，冬季北部常有大雪，通常集中在江苏省和安徽省的中北部地区以及山东省境内。华东地区年平均气温为15～18℃。华东地区地形以丘陵、盆地、平原为主，主要山峰有泰山、黄山、九华山、武夷山等。华东地区七省一市共有林地面积3828.33万hm^2，约占全国林地面积的12.24%，福建省、江西省、浙江省、台湾省森林覆盖率分别达66.8%、63.1%、61.2%、59%，远超全国21.63%的平均森林覆盖率，素有“七山一水二分田”或“八山一水一分田”之说，另外安徽、江苏两省森林覆盖率达28.65%和23.2%，也高于全国平均水平，可见华东地区的林地资源之丰富。

2．华东地区林下经济发展现状

据国家林业和草原局2020年统计数据显示，全国林下经济经营和利用面积目前已达6亿亩，林下经济总产值超过9000亿元，从业人数超过3400万。其中林下经济产值达500亿元以上的省份已有9个，过百亿元的省份达15个，江西、广西林下经济产值超过千亿元。

现阶段，华东地区林下经济发展模式大致可划分为种植、养殖、旅游三大类，种植模式主要包括：林药、林菌和林粮模式；养殖模式主要包括：林畜（禽）、林特种和林混养模式；旅游模式主要是森林观光旅游。在上述这些模式中，林药、林菌、林畜（禽）覆盖范围较大。其中林药模式的林下种植药材种类达200多种，主要包括三叶青、铁皮石斛、金线莲、黄精、重楼等。

3．林药生态种植模式的意义

中药是中华民族的瑰宝，也是我国独特的卫生资源、潜力巨大的经济资源、具有原创优势的科技资源、优秀的文化资源和重要的生态资源，为造福人民健康做出巨大贡献，尤其是新冠肺炎疫情暴发以来，中药彰显特色优势，是中医药传承精华、守正创新的生动实践。大力发展中医药产业已成为国家战略，“药材好，药才好”，野生中药资源不断减少，近10年来栽培中药材逐渐替代了野生药材。林下种植中草药（林药生态种植）模式属于立体式、复合型的林业经营模式，是实现生态林业和绿色中药材可持续发展的重要途径之一，林药生态复合经营模式不仅具有提高林分质量、增加山区植被、避免水土流失、提高经济效益等优势。同时，在林下进行仿野生中药材生态种植，不和农作物抢耕地，采用生态种植的理念减少农药和化肥的施用，能有效提高生产效益，提升药材品质。另外，药用植物中的许多种类属于多年生草本植物，而且多数种类具有耐阴性，不仅适合林药间作或林下种植，还能通过调节采收期的长短来适应市场需求及价格的变化，确保经济效益稳定。运用林药生态种植技术建立的复合经营模式是生态、经济和社会效益皆优的生产模式。

我国地域辽阔，地形复杂，林药间作的类型也较多。在东北林区，林参间作、林下栽参和参后还林等模式比较普遍；在海南和雷州半岛等地区，有橡胶砂仁间作，橡胶咖啡间作；华北地区有杨树与中药（桔梗、丹参、知母）间作，果树（板栗、核桃、杏）与中药（桔梗、丹参、远志、知母）间作；华东地区有毛竹、杜英等与中药（黄精、三叶青）间作等；广西和四川山区因地制宜，也相应建立了多种适应当地生境条件和经济发展的生态种植模式。

4．林药生态种植模式存在的问题及发展趋势

当前林下经济产业普遍存在科技含量偏低、产业结构不尽合理等问题。中药材作为一种特殊的农作物，具有每种药材生境条件的要求不同、经济价值取决于药材中有效成分含量、药材商品品质要求高等特点。林下药材生长与树种、树龄、郁闭度、生长习性等有关，筛选适合特定中药材的林分、林相显得十分重要。因此在药材种类、种植布局、栽培技术、收获加工、包装储运等方面，尽量结合市场的需求进行选择，既要将地方的优势充分发挥出来，又要避免盲目跟风发展。

在现代市场经济模式下，中药材的生产必须坚持道地性、规模化、规范化、专业化、标准化，同样，中药材的林下生态种植也需要满足这一要求。各地在发展林下药材生态种植时，应结合当地的实际情况，通过认真的比较、小面积的试验示范等，科学地选择一些适合的种类，因地制宜地明确发展重点，并推广标准化的种植技术，以提高中药材的品质、市场竞争力和经济效益。

林药生态种植过程中，由于林木遮阴而造成的光强和光质的变化，以及药用植物和间作树种之间的互相作用是决定成功与否的关键因素。林药复合生态种植的研究和应用的时间较短，所以相关研究资料相对较少，研究成果多集中在以经济目的为主的模式、产量和效益的评价、间作系统小气候及模式配置技术上，而有关林药生态种植对林业生态、药材品质、生产效益等方面的系统研究较少，今后有关林药生态种植等复合经营研究需进一步加强林药生理生态学机制及复合系统养分、水分循环的研究，明确林木与药用植物种间作用机制及对药材产量和质量的影响。很多农户在进行林下中药材的种植时缺乏针对性的技术指导，经验不足，难以取得较好的经济效益。

本书结合区域环境气候、林下生态资源、药材道地性等，选取适于林下生态种植的三叶青、铁皮石斛等11种耐阴名贵药材，对每种药材资源分布、生境特征、药用价值、产业现状进行了分析，图文并茂地阐述了种苗繁育、田间管理、病虫害防治、采收加工、质量监控等药材生产关键环节的技术方法，并对每种药材不同种植模式的种植成本及效益进行了详细分析（具体生产成本及销售价格以当地

实际市场行情为准），是从事药材林下种植加工、生产经营、检验检测等工作的科技人员和一线生产者非常实用的参考工具。本书的出版希望能为林农按自己实际生产情况选择合适的林下生态种植的药材种类、开展药材生态种植提供帮助，在获得高品质药材的同时保护当地的林业生态环境，实现经济、社会、生态效益的有机统一。

第一章　铁皮石斛

第一节　铁皮石斛概况

一、铁皮石斛植物来源

铁皮石斛（*Dendrobium officinale* Kimura et Migo）为兰科石斛属多年生草本植物，又有黑节草、铁皮兰、耳环石斛等别称。

二、铁皮石斛资源分布

铁皮石斛主要分布在东南亚、澳大利亚等地区，原产于澳大利亚、菲律宾、中国和日本等国。我国主要分布于秦岭以南的浙江、安徽、湖南、四川、贵州、云南、广西、福建和广东等地。浙江寿仙谷医药股份有限公司和浙江天皇药业有限公司铁皮石斛规范化种植基地通过国家药监局GAP基地认证。乐清市被评定为“浙江铁皮石斛产业基地”“中国铁皮枫斗加工之乡”；“天目山铁皮石斛”获国家质检总局地理标志保护产品称号；“武义铁皮石斛”获国家农业部农产品地理标志保护产品称号。

三、铁皮石斛成分及功效

铁皮石斛主要含多糖、生物碱、多酚、氨基酸、微量元素、菲类化合物等成分。多糖是铁皮石斛的主要活性成分之一，水溶性多糖可达22.7%，研究发现不同地域、种植年限、不同采收季节、不同栽培方式以及不同部位，铁皮石斛多糖的含量、单糖的种类及组成比例有较大差异；铁皮石斛中生物碱的含量随着生长年限的增加随之增加；铁皮石斛中含17种氨基酸，其中天冬氨酸、谷氨酸、甘氨酸、缬氨酸和亮氨酸共占总量的53%；微量元素主要含有钾、钙、镁、锰、锌等；菲类化合物主要包括毛兰素和鼓槌菲。

铁皮石斛，味甘，性微寒，归胃、肾经，具有益胃生津、滋阴清热等功效；用于治疗热病津伤、口干烦渴、胃阴不足、食少干呕、病后虚热不退、阴虚火旺、骨蒸劳热、目暗不明、筋骨痿软等症。现代药理学研究发现，铁皮石斛还具有抗氧化、抗肿瘤、增强免疫力、降血糖等多方面的作用。

四、铁皮石斛的产业现状及发展趋势

（一）产业现状及前景

野生铁皮石斛一般生长在人迹罕至的深山老林和悬崖峭壁上的阴面崖缝间，在自然状态下种子萌发率小于5%，从种子萌发到商品阶段需3～5年时间，产量极为稀少，加之长期掠夺式采挖，野生资源已濒临枯竭。

随着种苗繁育和栽培技术的突破，铁皮石斛产业得到了快速发展，成为我国产销量最大、发展最快的中药材之一。现有栽培铁皮石斛的地区也从传统的浙江、云南扩展到广西、广东、福建、安徽、贵州、江苏、北京、上海等10余个省、市、自治区。浙江是全国率先发展铁皮石斛产业和相关保健食品的生产基地和消费大省。

铁皮石斛产业发展前景广阔，主要有以下几点因素：第一，国家重视现代中药事业的发展，这极大地促进了铁皮石斛行业的开发与研究；第二，随着铁皮石斛的广泛使用，其得到越来越多消费者的认可；第三，从生产栽培、采集、加工、成品销售各个环节，铁皮石斛有地方标准、行业标准和国家标准等为其保驾护航。

（二）产业发展主要问题

通过审定或认定的新品种不足且推广面积不大，导致生产上种源混杂时有发生，质量一致性难以保证：铁皮石斛与石斛属部分物种在植物外观上无明显的差异，特别是在加工成枫斗后，越加难以区分，导致市场上会存在铁皮石斛的伪品，急需简单有效的鉴别方法加以区别。

产品相对单一，产业链较短。目前，除了浙江省深加工产品产值较大外，市场上主要为铁皮石斛鲜品和铁皮枫斗的初加工产品，技术含量低，附加值不高。另外铁皮石斛产品主要在浙江、北京、上海等发达地区销售，其他地区的市场还未得到充分开发。

五、铁皮石斛生物学特性

（一）形态学特征

铁皮石斛茎直立，圆柱形，茎长9～35cm，茎粗2～4mm，不分枝，具多节，茎节间长1.3～1.7cm，常在中部以上互生3～5枚叶。叶2列，纸质，长圆状披针形，长3～7cm，宽9～15mm，先端钝并略有钩转，基部下延为抱茎的鞘，边缘和中肋常带淡紫色；叶鞘常具紫斑，老时其上缘与茎松离而张开，并且与节留下1个环状铁青的间隙。总状花序常从落了叶的老茎上部发出，具2～3朵花；花序柄长5～10mm，基部具2～3枚短鞘；花序轴回折状弯曲，长2～4cm；花苞片干膜质，浅白色，卵形，长5～7mm，先端稍钝；花梗和子房长2～2.5cm；萼片和花瓣黄绿色，近相似，长圆状披针形，长约

1.8cm，宽4～5mm，先端锐尖，具5条脉；侧萼片基部较宽阔，宽约1cm；萼囊圆锥形，长约5mm，末端圆形；唇瓣白色，基部具1个绿色或黄色的胼胝体，卵状披针形，比萼片稍短，中部反折，先端急尖，不裂或不明显3裂，中部以下两侧具紫红色条纹，边缘波状；唇盘密布细乳突状的毛，并且在中部以上具1个紫红色斑块；蕊柱黄绿色，长约3mm，先端两侧各具1个紫点；蕊柱足黄绿色带紫红色条纹，疏生毛；药帽白色，长卵状三角形，长约2.3mm，顶端近锐尖并且2裂，见图1–1。

图1–1 铁皮石斛

（二）适生环境

铁皮石斛喜温暖湿润气候，适宜在凉爽、湿润、空气流通的环境中生长，常常附生于山地半阴湿的岩石或树上。要求年平均气温18～21℃，空气相对湿度70%～90%。铁皮石斛生长缓慢，种子极小、无胚乳，自然状态下种子发芽率低，需与某些真菌共生才能萌发，植株营养生长和生殖生长都需要与特定菌根形成共生关系，才能完成生活史。

（三）生长发育规律

一般在蒴果采收后当年11月或翌年4月开始组培播种，经12～15个月组织培养后出苗移栽大田，每年5～6月开花，6～9月植株生长速度比较快，株高、鲜重等都会明显增加，8月萌生新芽，10月蒴果陆续成熟，10月底至11月初铁皮石斛小部分开花（俗称“小阳春”），11月植株封顶进入休眠期。

第二节　铁皮石斛种苗繁育技术

目前，常用的繁育方法有蒴果无菌培养、茎尖/茎段无菌繁殖、分株扦插等繁殖方式。

一、蒴果无菌培养

挑选健康饱满的铁皮石斛蒴果，切除花托和花瓣残留。将挑选好的蒴果用洗涤液清洗干净后，晾干至蒴果表面无水，再用75%的酒精浸泡，擦干，进行无菌播种，形成原球茎后转移至培养基上进行增殖和分化。在进行移植前，应对组培苗进行充分的清洗。

二、茎尖、茎段无菌繁殖

茎段在无菌操作台上用75%的酒精进行表面消毒，再用3%次氯酸钠消毒8～10min，用无菌水冲洗3次，使其充分灭菌。将已经灭菌的石斛茎段，在无菌条件下切成至少带有一个茎节的茎段，接种于诱导培养基中诱导出芽，再分化，壮苗，便可将生长健壮的植株移栽。

三、分株繁殖

分株时选择1年生或2年生、色泽嫩绿、健壮、萌芽多、根系发达及无病虫害的植株作种株，剪去枯枝、断枝、老枝及过长的须根，切开后分成小丛，有带叶的茎株5～7条，即可种植。

第三节　铁皮石斛种苗生产技术

一、留种

应选用适合当地自然环境的优质、高产、抗病、抗逆性强的审定（认定）品种或经鉴定确认的种源。留种株应选品种特性纯正、生长健壮的植株。在盛花期进行授粉，授粉后立即摘除唇瓣，及时挂标志牌。授粉当年10月以后，采收转黄、饱满、成熟的蒴果（图1-2），在冰箱中4℃短期保存。

图1-2 蒴果

二、组培育苗

组培育苗见图1-3。成熟或经后熟的蒴果，用75%酒精消毒后进行无菌播种。利用组培技术培育实生苗、类（拟）原球茎诱导苗和不定芽诱导苗，

图1-3 组培育苗

原球茎继代控制在4～6代，不定芽继代控制在3～5代。

三、出苗

3～6月，小心取出经检验合格的组培瓶苗，用清水洗净培养基后，晾至根部发白。用于栽培的苗应该生长健壮、无污染、无烂茎、无烂根，根2条以上，叶4片以上，株高3.0cm以上，茎粗0.2cm以上，叶片正常展开，叶色嫩绿或翠绿。栽培前可用0.1%高锰酸钾溶液泡根3～5min。组培苗见图1–4，栽培苗见图1–5。

图1–4 组培苗

图1–5 栽培苗

四、种苗标准

作为商品苗，应单层直立放置在塑料筐或纸箱中，包装箱应该结实牢固并设有透气孔，应出具质量检验证书，贴上合格标签。商品苗的质量等级指标及检验方法和判定原则见表1–1。

表1–1　铁皮石斛种苗质量等级标准

项目	等级	
	合格苗	优质苗
外观性状	生长健壮、无污染、无烂茎、无烂根	
根/条	≥2	≥3
叶片/片	≥4	≥6
株高/cm	≥3.0	≥5.0
茎粗/cm	≥0.2	≥0.3
检疫对象	不得检出	不得检出

第四节　铁皮石斛种植技术

铁皮石斛栽培场地宜选择在海拔500～3000m，年平均气温15～18℃，年平均降雨量在980～2000mm，年平均日照时数1710～2100h的生态环境，水源好、通风、透气、排水好的地块，要求无污染源，交通便利。环境空气符合GB 3095—2012《环境空气质量标准》规定的二级标准；农田灌溉水质符合GB 5084—2005《农田灌溉水质标准》规定的旱作农田灌溉水质标准；土壤环境符合GB 15618—2018《土壤环境质量　农用地土壤污染风险管控标准（试行）》规定的二级标准。目前，铁皮石斛的种植方式有设施栽培和林下仿生栽培两大类。

一、设施栽培模式

（一）基地的准备

栽培设施搭建前先翻土20cm左右，暴晒，表面撒生石灰。开沟做畦要求：畦宽1.3m左右、畦沟宽0.35m、畦长不大于40m，畦面平整，畦高约15cm，开好的畦沟、围沟要相通，排水良好。宜以单体（或连体）钢架大棚（图1–6，图1–7）设施栽培，棚间距在1～2m，配备遮阳网、防虫网、无滴大棚膜、微喷灌等设施。采用离地栽培的还应搭30～50cm高的苗床。

图1–6 单体钢架大棚

图1–7 连体钢架大棚

（二）栽培基质

基质应选松鳞、木屑及碎石片等，基质在使用前应堆制发酵或高温灭菌处理。基质应铺在畦面或苗床上，高10～15cm，基质含水量在55%左右。基质铺设见图1–8。

（三）栽种管理

以3～6月栽种为宜，有保护地设施的9～10月也可栽种。3～4株为一丛，按（10～20）cm×（10～15）cm行株距栽种（图1–9），做到浅种，轻覆基质。

图1-8 基质铺设

图1-9 栽种

1. 光照

小苗期大棚需盖有遮光率为70%～80%的遮阳网（图1-10），生长期的铁皮石斛遮光率以60%～70%为宜。

2. 温度

铁皮石斛适宜生长温度为15～30℃，高温季节应及时掀膜通风（图1-11）、喷雾降温；低温季节要及时盖膜保温。

图1-10 遮阳网降低光照

图1-11 通风设备

3. 水分

栽种后视铁皮石斛植株生长情况，一般控制基质含水量在55%左右，空气相对湿度在75%～85%。如果遇到高温干旱，可早晚喷雾（图1-12）增加湿度、降低温度；多雨季节及时清沟排水，降低湿度。

图1-12 喷雾

4. 施肥

栽种一周后，可施保苗肥；栽种一个月后，每亩施腐熟的有机肥200～300kg；10月下旬喷施一次0.2%的磷酸二氢钾；次年开春后追施有机肥，每亩100～200kg，见图1–13。

5. 除草

栽种后，及时人工去除棚内及棚外的杂草，棚外可用覆盖除草方法，不应使用化学除草剂除草，见图1–14。

图1–13 施肥

图1–14 除草

6. 越冬管理

可采用加盖二道膜（图1–15）、无纺布等方式进行越冬保温。进入冬季前要进行抗冻锻炼并适时通风、降低湿度，保持基质含水量在45%～50%。

图1–15 加盖二道膜

二、林下生态种植模式

（一）场地选择

应选择生态环境良好，水源足且水质好，气候温和湿润，森林郁闭度适中，通风良好的阳坡、半阳坡，活树树干、段木、岩壁或林地。

（二）设施配备

基地安装喷灌系统，应符合GB/T 50085—2007《喷灌工程技术规范》。基地内应配备相应的温度计和湿度计。

（三）附生树种、岩壁和林下栽培

应选择树冠茂盛、分枝多且粗壮、树枝横向生长、树皮较厚且粗糙、不易脱皮的树种，如梨树、樟树、杉木、杨梅等；应选择半阳坡的疏散型岩壁、林下。

（四）种苗及移栽时间

种苗选用优质、高产、抗逆性强的品种。选用1～2年生的驯化苗。移栽时间选在春季的2月下旬至5月上旬，秋季在9月上旬至10月下旬。

（五）栽种方式

1. 活树移栽

离地1.0m以上，将铁皮石斛驯化苗用经水充分浸泡过的稻草绳、麻绳、树皮等，按20～30cm的间距，每丛3～4株，按苗的生长方向顺势捆绑移栽到树干上，高度以能安全采摘为限，见图1-16。

图1-16 活树移栽

2. 天然林下种植

清除林间过多的小树、杂草，使林间通透。对场地进行消毒，在地面按10～20cm的间距，每丛3～4株，移栽到林下。

3. 岩壁栽培

选择半阴半阳的疏散型岩壁，以80°～90° 的斜坡为宜，按10～20cm的间距，每丛3～4株苗，用木片、树皮、苔藓等固定种植，见图1-17。

图1-17 岩壁栽培

4. 段木附生

按行间距0.3～0.5m固定排列树干，将铁皮石斛驯化苗用经水浸泡过的稻草绳、麻绳、树皮、棕毛等离地0.5m以上，按10～20cm的间距，每丛3～4株，捆绑移栽到树干上。

（六）生产管理

遵循“近野生原则”，尽可能接近野生状态下的生长条件。

1. 光照

自然遮光率以50%为宜，生长期应每年对附生林木进行整枝修剪。

2. 水分

视天气情况喷水，保持根际湿润，每天1h以上，冬季以偏干为宜，有霜期不浇水。

3. 除草

栽种后，应及时人工除草并进行场地消毒。

4. 越冬管理

进入冬季前，要对铁皮石斛进行抗冻锻炼，并适当控制湿度。

三、主要病虫害防治

在铁皮石斛栽培过程中，常见病害主要有白绢病、炭疽病、叶锈病等，常见的虫害主要有蜗牛等。

防治白绢病可用16%井冈噻呋悬浮剂1000～2000倍液喷雾，防治炭疽病可用75%苯醚·咪鲜胺可湿性粉剂1000～1500倍液喷雾，防治叶锈病可用22.5%啶氧菌酯悬浮剂1200～2000倍液喷雾。

防治蜗牛可撒施12%四聚乙醛颗粒剂325～400g/亩，防治介壳虫可用20%松脂酸钠可溶粉剂200～400倍液喷雾。

第五节　铁皮石斛采收及加工方式

一、采收

一般种植两年后采收，鲜品采收以当年11月至翌年3月为宜，加工铁皮枫斗（干条）的原料宜在11月至翌年3月采收。可实行采旧留新和全草采收的方式。

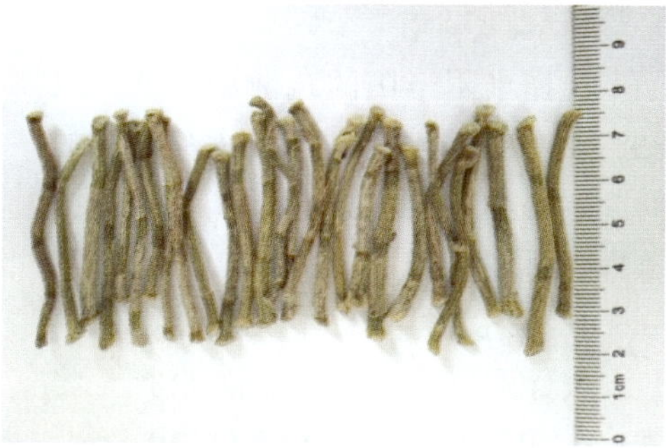

图1-18 铁皮石斛干条

二、产地初加工

对于铁皮石斛鲜品，经挑选、除杂、去须根，置阴凉处，防冻。对于铁皮石斛鲜茎，经挑选、除杂、去叶、去须根，按长短、粗细分类包装，置阴凉处，防冻。对于铁皮石斛干条（图1-18），鲜茎经清洗切段，置50～85℃烘至水分≤12%。对于铁皮枫斗，取鲜茎，剪成6～12cm的短条，50～85℃烘焙至软化，并在软化过程中尽可能除去残留叶鞘。经卷曲加工、烘干定形成螺旋形或弹簧状的枫斗，用打毛机除去毛边或残留叶鞘，见图1-19。

图1-19 铁皮枫斗加工

三、成本及效益分析（参考浙江寿仙谷药业的原料销售价格及高效生产成本估算）

（一）设施栽培成本与效益分析

设施栽培每亩适宜种植10万株，3～5株一丛，种苗投入5万元/亩，设施建设费10万元/亩，基质2.5万元/亩，其他农业投入品和劳动力成本7万元/亩，总投入24.5万元/亩。一般可采收5年。产量为300kg/（亩·年），价格按市场平均价格250元/kg，则收入为37.5万元/亩，利润为13万元/亩，投资利润率为53.06%。

（二）林下仿生栽培成本与效益分析

林下仿生栽培铁皮石斛主要投入为种苗、移植上树的材料费，10万株投入约为6万元。一般在种植2年后可收获鲜条，可采收5年。产量约为280kg/年，价格一般为350元/kg左右，则收入为49万元/10万株苗，利润为43万元/10万株苗，投资利润率为716.67%。

第六节　铁皮石斛质量标准及监测

一、铁皮石斛

来源：11月至翌年3月采收，以其干燥茎入药。除去杂质，剪去部分须根，边加热边扭成螺旋形或弹簧状，烘干；或切成段，干燥或低温烘干，前者习称“铁皮枫斗”（耳环石斛）；后者习称“铁皮石斛”。

性状：铁皮石斛呈圆柱形的段，长短不等。铁皮枫斗呈螺旋形或弹簧状，通常为2～6个旋纹，莲拉直后长3.5～8cm，直径0.2～0.4cm。表面黄绿色或略带金黄色，有细纵皱纹，节明显，节上有时可见残留的灰白色叶鞘；一端可见茎基部留下的短须根。质坚实，易折断，断面平坦，灰白色至灰绿色，略角质状。气微，味淡，嚼之有黏性。

鉴别：

（1）显微鉴别　横切面表皮细胞1列，扁平，外壁及侧壁稍增厚、微木化，外被黄色角质层，有的外层可见无色的薄壁细胞组成的叶鞘层。基本薄壁组织细胞多角形，大小相似，其间散在多数维管束，略排成5圈，维管束外韧型，外围排列有厚壁的纤维束，有的外侧小型薄壁细胞中含有硅质块，草酸钙针晶束的黏液细胞多见于近表皮处。

（2）薄层鉴别　取供试品与铁皮石斛对照药材各1g，加三氯甲烷－甲醇（9：1）混合溶液15mL，经超声处理20min，过滤。吸取上述两种滤液各2～5μL，分别点于同硅胶G薄层板上，以甲苯－甲酸乙酯－甲酸（6：3：1）为展开剂，展开，取出，烘干，喷以10%硫酸乙醇溶液，在95℃加热约3min，置紫外光灯（365nm）下检视。供试品色谱中，在与对照药材色谱相应的位置上，显相同颜色的荧光斑点。

检查：甘露糖与葡萄糖峰面积比应为2.4～8.0，水分应小于12.0%，灰分应小于6.0%，浸出物不得少于6.5%。多糖含量不得少于25%（以干品计），甘露糖含量应为13.0%～38.0%（以干品计）。

二、鲜铁皮石斛

来源：待植株种植第三年，11月后可采收，以其鲜茎入药。除去叶片和须根等杂质，临用洗净，切段。

性状：呈圆柱形，直径0.2～0.4cm。表面黄绿色，有时可见淡紫色斑点，光滑或有纵纹，节明显，色较深，节上可见带紫色斑点的膜质叶鞘。质柔软，肉质状，易折断，断面黄绿色。气微，味淡，嚼之有黏性。

鉴别：

（1）显微鉴别　同铁皮石斛。

（2）薄层鉴别　取供试品于60℃干燥后，其他同铁皮石斛。

检查：总灰分应小于6.0%，浸出物不得少于5%。多糖含量不得少于25%（以干燥品计）。

参考文献

［1］ Xue D, Feng S, Zhao H, et al. The linkage maps of Dendrobium species based on RAPD and SRAP markers [J]. Journal of Genetics and Genomics, 2010, 37(3):197–204.

［2］ 何伯伟. 铁皮石斛100问［M］. 北京：中国农业科学技术出版社，2015.

［3］ 李娟，李顺祥，黄丹，等. 铁皮石斛资源、化学成分及药理作用研究进展［J］. 科技导报，2011，29（18）：74–79.

［4］ 李昊，吕鼎豪. 铁皮石斛药用成分研究进展［J］. 光谱实验室，2013，30（04）：1845–1849.

［5］ 诸燕，张爱莲，何伯伟，等. 铁皮石斛总生物碱含量变异规律［J］. 中国中药杂志，2010，35（18）：2388–2391.

［6］ 黄民权，阮金月. 铁皮石斛氨基酸组分分析［J］. 中药材，1997，20（1）：32–33.

［7］ 诸燕，苑鹤，李国栋，等. 铁皮石斛中11种金属元素含量的研究［J］. 中国中药杂志，2011，36（3）：356–360.

［8］ 国家药典委员会. 中华人民共和国药典（四部）（2020版）［M］. 北京：中国医药科技出版社，2015.

［9］ 唐汉庆，韦祎，卢兰，等. 铁皮石斛对小鼠抗氧化能力影响的实验研究［J］. 中国卫生检验杂志，2014，24（21）：3082–3084.

［10］李钦，陈爱君，张信岳. 铁皮石斛颗粒增强免疫功能作用研究［J］. 中药药理与临床，2008，24（1）：53.

［11］张红玉，戴关海，马翠，等. 铁皮石斛多糖对S180肉瘤小鼠免疫功能的影响［J］. 浙江中医杂志，2009，44（5）：380–381.

［12］吴昊姝，徐建华，陈立钻，等. 铁皮石斛降血糖作用及其机制的研究［J］. 中国中药杂志，2004，29（20）：161–164.

［13］赵菊润，张治国. 铁皮石斛产业发展现状与对策［J］. 中国现代中药，2014，16（4）：277–279.

［14］朱虹，郗厚诚，孙长生. 我国铁皮石斛产业现状和发展对策［J］. 陕西农业科学，2014，60（12）：77–79.

［15］何伯伟，李明焱，毛碧增，等. 铁皮石斛全程标准化操作手册［M］. 杭州：浙江科学技术出版社，2016.

［16］胡峰，梅瑜，邱道寿，等. 铁皮石斛育种研究进展［J］. 广东农业科学，2015，42（15）：12–17.

［17］毛伟强，张晓燕，曲渭仙，等. 天斛1号铁皮石斛［J］. 上海蔬菜，2009（1）：18–19.

［18］李明焱，谢小波，朱惠照，等. 铁皮石斛新品种“仙斛1号”的选育及其特征特性研究［J］. 中国现代应用药学，2011（4）：281–284.

[19] 李明焱，王瑛，郑化先，等. 铁皮石斛新品种“仙斛2号”的选育和特征特性研究[J]. 中国药学杂志，2013，48（19）：1677-1680.
[20] 徐靖，王晓彤，胡凌娟，等. 铁皮石斛新品种“仙斛3号”的选育及特征特性研究[J]. 中国现代中药，2017，19（3）：337-341.
[21] 诸燕. 铁皮石斛种质资源收集与评价[D]. 杭州：浙江农林大学，2010.
[22] 明兴加，冯婷婷. 中国石斛属植物种苗繁育技术的研究进展[J]. 重庆中草药研究，2010，38（6）：2899-2902.
[23] DB 33/T 635—2015，铁皮石斛生产技术规程[S].
[24] 李琴，杨彦伶，彭婵，等. 药用石斛研究进展[J]. 农学学报，2018，8（10）：61-64.

第二章 三叶青

第一节 三叶青概况

一、三叶青植物来源

三叶青（*Tetrastigma hemsleyanum* Diels et Gilg）为葡萄科崖爬藤属植物。正名为三叶崖爬藤，民间也称其为石猴子、石抱子、石老鼠、拦山虎、雷胆子、破石珠、土经丸、搜夹风、三叶对、小扁藤、三叶扁藤、丝线吊金钟、金线吊葫芦、金线吊马铃薯等。

二、三叶青资源分布

三叶青主要分布于中国长江流域以南各省（市），包括浙江、江苏、江西、福建、广东、广西、湖南、贵州、云南等地；在南部热带及亚热带岛屿（海南省、台湾省）也有少量分布，见图2-1。

图2-1 三叶青

三、三叶青成分及功效

三叶青的主要成分有黄酮及其苷类、糖类、酚及其苷类、有机酸等成分。黄酮及其苷类是目前较为认可的三叶青主要活性成分之一，包括原花青素B_1和B_2、儿茶素、芦丁、槲皮素、槲皮苷、异槲皮苷、紫云英苷、山柰酚等，还包括多种糖苷如5，7，4'–三羟基黄酮–6–α–L–吡喃鼠李糖–（1–4）–α–L–吡喃阿拉伯糖苷、5，7，4'–三羟基黄酮–8–α–L–吡喃鼠李糖–（1–4）–α–L–吡喃阿拉伯糖苷、5，7，4'–三羟基黄酮–6，8–2–*C*–β–D–吡喃葡萄糖苷等。三叶青中多糖含量高达8.69%，其中块根中多糖主要包括岩藻糖、鼠李糖、阿拉伯糖等，叶中则还含有果糖。三叶青中酚类成分主要包括柠檬酸、葡萄糖没食子鞣苷、原儿茶酸葡萄糖苷、绿原酸、表没食子儿茶素和咖啡酸；有机酸类成分主要包括原儿茶酸、原儿茶酸葡萄糖苷、香草酸–1–*O*–呋喃芹糖基葡萄糖酯、咖啡酸、咖啡奎宁酸、香豆酸酰奎宁酸或异构体、阿魏酸酰奎宁酸或异构体等。

浙江省中药炮制规范记载：三叶青微苦，平。归肝、肺经。具有清热解毒，消肿止痛，化痰散结的功效，用于治疗小儿高热惊风、百日咳、疮痈痰咳、毒蛇咬伤等症。三叶青被誉为"植物抗生素"，临床上还用于治疗病毒性脑膜炎、乙型脑炎、病毒性肺炎、黄疸性肝炎等。现代药理研究表明，三叶青还具有抑菌、抗氧化、解热、镇痛、抗炎、免疫调节、抗肝损伤、抗肿瘤、抗病毒等药理作用及临床应用。

四、三叶青产业现状及发展趋势

（一）产业现状和前景

目前市场上野生的三叶青块根极为稀少，而随着人们对三叶青研究不断加深，2010年以来随着应用日趋广泛，市场需求量也越来越大，三叶青价格不断上涨[23]。

一些省份的三叶青药物研发市场正在逐渐打开。安徽省亳州市峰源药业有限责任公司研制了中药材饮片三叶青粉；陕西省西安兆兴制药有限公司研发了以三叶青块根为主要原料的治疗胆囊炎胆石症的国药准字"排石利胆胶囊"；河南铃锐制药股份有限公司以三叶青、广金钱草等为原料生产了国药准字"结石康胶囊"。新产品的研发有力地拓展了市场容量，促进了三叶青的相关研究，也带动了栽培产业的发展。

（二）产业主要问题

专业人才缺乏：中药材栽培生产第一线的专业人才缺少，技术主要源于药农在栽培实践中积累，而专业培训较少，多数情况下缺乏科学合理的技术指导，栽培技术很难在短期内得到有效提高。

产品开发程度低：三叶青茎叶产量大，且三叶青藤茎叶分离纯化的有效部位提取物，表现出良好的抗炎抗菌作用，但按照目前的标准，茎叶无法药用，随着三叶青种植面积不断增长，茎叶资源浪费严重，迫切需要开展茎叶的深入研究，提高三叶青的综合利用效率。

药用广泛性受限制：三叶青在民间已有悠久的应用历史，尤其是用于抗小儿高热、抗肿瘤等方面，然而目前仍属地方药材，尚未列入《中华人民共和国药典》(2020年版)，以下简称“《中国药典》”，也未入选可用于保健品原料目录或新食品原料目录。当前三叶青的生产与加工只能依据地方药材标准，如浙江省中药炮制规范中规定的干品70%乙醇浸出物含量不少于7.5%，鲜品切厚片80℃干燥不少于9.0%。湖南省中药炮制规范中仅有一些性状和显微鉴别的指标，无相关生产加工质量标准，药用的广泛性受到一定的限制。

种植周期长、风险大：三叶青是多年生植物，其入药部位地下块根生长慢，需要2～3年才能达到商品药材的要求，且其抗寒性较差，冬季需要设施保护，虽然目前药材价格较高，但需连续数年的资金投入，从总体上看三叶青属于种植周期较长、有一定投资风险的药材。

五、三叶青生物学特性

（一）形态学特征

三叶青系多年生草质攀援藤本，长3～6m，有纵棱纹，无毛或被疏柔毛。地下块根粗壮，呈纺锤形或椭圆形，单个或数个相连呈串珠状。茎细弱，呈纵菱，下部节上生根。卷须与叶对生，有分枝。掌状复叶互生，叶为3小叶，小叶披针形、长椭圆披针形或卵披针形，长3～10cm，宽1.5～3cm，顶端渐尖，基部楔形或圆形，侧生小叶基部不对称，近圆形，边缘每侧有4～6个锯齿，两面均无毛；侧脉5～6对，网脉两面不明显，无毛；叶柄长2.0～7.5cm，中央小叶柄长0.5～1.8cm，侧生小叶柄较短，0.3～0.5cm，无毛或被疏柔毛。花小，黄绿色萼齿小，卵形花瓣。花序腋生，长1～5cm，下部有节，节上有苞片，或假顶生而基部无节和苞片，二级分枝通常4个，集生成伞形，花二歧状，着生在分枝末端；花序梗长1.2～2.5cm，被短柔毛；花梗长1.0～2.5mm，通常被灰色短柔毛；花蕾卵圆形，高1.5～2mm，顶端圆形；萼蝶形，萼齿细小，卵状三角形；花瓣4片，卵圆形，高1.3～1.8mm，顶端有小角，外展、无毛；雄蕊4个，花药黄色。浆果球形，直径约0.6cm，生长期绿色，成熟时红色，有种子1颗；种子倒卵椭圆形，顶端微凹，基部圆钝，表面光滑，种脐在种子背面中部向上呈椭圆形，腹面两侧洼穴呈沟状，从下部近1/4处向上斜展直达种子顶端（图2-2）。花期为每年4～6月，果期8～11月。

（二）适生环境

三叶青喜凉爽气候，多生于山谷、灌木丛、林间等阴凉的环境中，荫庇度40%～50%，年气温16～22℃，土壤pH6～8，要求腐殖质含量高，在25℃左右生长健壮，冬季气温降至10℃时生长停滞；耐旱、忌积水、耐阴性强、抗病、少虫害。

紫藤三叶青与青藤三叶青生长地域分布明显。其中紫藤三叶青一般生长在海拔200～800m的山区林地，喜阴凉潮湿环境和疏松肥沃的腐殖土，土壤pH在5.6～6.8。青藤三叶青一般生长在海拔100～500m的丘陵或山林，土壤pH在5.5～7.5均可很好地

（1）花　（2）果　（3）苗　（4）藤叶

图2-2 三叶青形态学特征

生长，较紫藤三叶青更耐热，略喜光照。

（三）生长发育规律

三叶青的生育全过程分为萌芽期、快速生长期、高温缓慢生长期、秋发期、低温休眠期等五个时期。萌芽期是指从休眠状态恢复并进入发芽时期，一般3月至4月上旬萌发出芽；快速生长期是植株营养生长高峰期，4月下旬开始现蕾，盛花期在5月上、中旬，至6月下旬为快速生长期；外界平均气温超28℃时植株进入高温缓慢生长期，一般在7月上旬至10月上旬；秋发期是当温度在10～28℃，植株第二次快速生长，尤其是地下块根，一般在10月中旬至11月下旬；低温休眠期是平均气温低于10℃进入停滞生长，一般在11月下旬至翌年2月下旬。三叶青定植后第二年4月下旬开始现蕾，自下而上逐渐形成花芽，现蕾开花，一直持续到6月下旬。从花蕾到种子成熟需要4～6个月。

第二节　三叶青种苗繁育技术

目前三叶青种苗的培育主要有：种子繁殖、地下块根繁殖、扦插繁殖、组培快繁等方式。三叶青种子休眠采用传统的育苗箱、低温冷藏、激素处理催芽均难以提高发芽率，编者研究团队研发了一种利用三叶青多年生地下块茎及周围生境提取物促进其种子萌发的方法，可提高发芽率至85%左右。

扦插繁殖是目前生产中较为常用的种苗繁育方法，采用三叶青茎蔓扦插培育成新植株，既可保留优良性状，又能缩短育苗的周期。

一、种源圃建立

三叶青野生资源种类繁多，不能盲目将野生三叶青枝条剪来就开始扦插繁殖，必须通过收集资源，定植在种质资源圃内，通过对不同种源的适应性、形态特征及地下块根产量、成分等分析，优选出适合本地的三叶青优良种源，或选用育成的优良品种建立种源圃。

二、插穗选取及处理

种源圃作为长期的采穗基地，首先选择最佳的插穗枝龄，一般是生长健壮的二年生枝条。按照每条插穗保留2～3节，上剪口距节间2cm，下剪口距节间1cm，上部节间保留叶片，下部节间去掉叶片。修剪好的插穗用生长激素IBA 500mg/L+甲基托布津（70%粉剂）与水1：500倍稀释，整段浸1min。

扦插时间一般选择2月上旬至6月下旬或10月中旬至2月下旬，见图2-3。

（1）扦插　　（2）扦插苗

图2-3 三叶青扦插及扦插苗

三、扦插基质配制及方法

三叶青扦插基质一般采用70%细泥土+20%泥炭+5%珍珠岩+3%缓释肥+2%草木灰作扦插基质，用50孔穴盘扦插。

四、扦插过程

（一）遮阳设施架设

三叶青扦插苗培育过程必须遮阳，用覆盖遮光率50%～60%的遮阳网遮阳。

（二）环境控制

经过消毒、生根处理的三叶青插穗按照每孔穴扦插一条插穗，插穗下部约2cm埋入基质中，株行距为5cm×10cm，最后将穴盘放在育苗床上，苗床上架塑料拱棚，保持塑料棚内温度20～30℃和湿度60%～80%，见图2–4。

图2–4 三叶青穴盘苗

（三）施肥

经过半个月保温、保湿、遮阳环境生长，三叶青插穗基部长出根原体，每半个月追施一次浓度0.25%磷酸二氢钾的叶面肥。

（四）炼苗

在保温、保湿遮阳环境中，经过2～3个月，根部长出3～5条细根，顶部抽发1～2张嫩叶，可适当延长通风和提高光照强度，以提高种苗适应能力。

（五）种苗出圃

经过半年的培育，三叶青扦插苗即可出圃移栽。出圃原则是生长健壮，无病虫害，根系发达，根3条以上，叶3张以上，叶片嫩绿或翠绿。成苗率一般95%左右。

第三节　三叶青种植技术

人工栽培三叶青建议选择生态条件良好的环境，远离主干公路及污染源，坡度＜25°，海拔在200～800m，年气温在-5～38℃，光照强度2000～2300lx、高畦、利于排水的连片或相对连片，阴坡或具人工荫蔽条件，近水源，灌溉方便，土层深厚、肥沃、疏松、保水保肥性能良好，土壤酸碱度适中的壤土、沙壤土或轻黏土。目前主要采用大田栽培或者林下生态种植两种模式，土壤质量和空气质量应达到国家二级标准，水源应符合农田灌溉水质量标准。

一、大田栽培模式

三叶青大田栽培定植最佳时间一般在每年3月底至5月初，可以有效防止低温冻害对三叶青幼苗的伤害，提高栽培成活率，见图2-5。

图2-5 三叶青大田种植

（一）基地的整理

1. 整地施底肥

在春季2～3月，先用拖拉机深翻细耙，每亩农田撒施腐熟半年以上有机肥1250kg、硫酸钾25kg、钙镁磷肥50kg（折合每亩约施氮28kg、磷31kg、钾23kg），再做沟宽45cm、垄宽80cm的高垄。按照株距25～30cm，每垄种2行，每亩定植苗3800～4500株。垄之间开排水沟，使沟沟相通，排水良好。底肥做到控制氮肥、多施磷、钾肥，防止徒长，促使早结块根。

2. 遮阴设施架设

三叶青夏季怕高温干旱，喜欢散射光，人工大田栽培的过程中需采取必要的遮阳处理。初夏至秋末，可搭制1.8m高遮阳大棚，遮光率50%～65%。每年9月下旬至翌年5月上旬将遮阳网收拢，增加三叶青光照时间。冬季12月至翌年2月做好稻草覆盖等防冻措施。

图2-6 三叶青防冻措施

3. 弥雾喷淋

在夏季高温、秋季干旱、冬季早春霜冻季节需要进行喷淋弥雾。夏季高温季节弥雾降温防治叶片灼伤；秋季干旱时弥雾可抗旱增加湿度。

三叶青防冻措施见图2-6。

（二）田间日常管理

1. 中耕除草

三叶青定植后，第一年加强幼苗管护工作，定期检查，保证种苗的成活率，对于死苗、病苗及时拔出，并补植新苗。定期进行人工除草松土，为幼苗提供疏松、通风的生长环境。每年中耕除草2次，分别于3月下旬至4月中旬和10月中下旬。中耕培土和除草以不伤根、不压苗为原则。编者研究团队研发了一种防杂草的三叶青容器栽培装置，可以实现较好的防杂草效果，有利于减少劳动力投入，并且操作简便，成本低廉。

2. 肥水管理

大田种植三叶青，由于在种植初期已经施足底肥，第一年不需要进行施肥，在生长第二年开始可以在每年三叶青停止生长阶段，也就是每年的11月上旬至翌年3月中旬，中耕除草后，在离每株三叶青根部10cm处，每株施用高磷、钾三元复合肥10g。

三叶青喜湿怕涝，整个生长周期需水较多，遇干旱季节注意灌水，生长后期高温干旱天气易造成枯苗，可通过灌水、降温来延长生长期，促使根部营养积累，提高产量和质量。但雨季应注意地间排水，确保排水通畅。

为防止梅雨季节发生三叶青疫病，在田间栽培时进行垄式栽培，双行种植，地膜覆盖，不仅有利于梅雨季排水，而且可促进三叶青根系发育及块根膨大。

二、林下生态种植模式

为了克服大田遮阳种植模式投资大、管理成本高等缺点，利用经济林、天然林的自然遮阳进行三叶青林下生态种植，对推动林下经济发展，实现兴林富民、提高经济效益和生态效益、保护环境具有重要的意义。

（一）适宜林地选择

三叶青林下生态种植有多种经济林可选择，比如毛竹、板栗、杜英、猕猴桃、成龄香榧林等，要求郁闭度60%～80%，已采取垦复、抚育等较高强度经营管理措施的林地。土层厚度>30cm，含腐殖质丰富的酸性土壤，坡度<25°且排涝较好的林地。除

图2-7 三叶青林下生态种植

此之外，套种林地应无严重病虫害，林下便于耕作，见图2-7。

（二）基质配比及控根容器选择

将林下地表20cm的表层土翻耕，然后按照每亩1000kg有机肥、磷50kg、草木灰50kg或三元复合肥（N：P ：K=12：18：21）50kg混合均匀撒在土地上，搅拌均匀。三叶青林下生态种植通常采用容器种植模式，促进三叶青根系生长，提高植株的成活率和促进三叶青块根的形成。同时限根容器放置地表，不破坏原林木的地表根系环境，采用配方施肥技术，不破坏林地的地表土壤环境及伤害林木根系。减少对林木原有生态的影响。

限根栽培容器（图2-8）多选择口径30～35cm，高30cm，材质为无纺布或塑料材

（1）无纺布　（2）塑料

图2-8 三叶青限根栽培容器

质的控根容器。将混合均匀的基质装入栽培容器内。每个容器种植1年生种苗3棵，呈三角形状排列，种植后浇透水，每亩放置限根栽培容器3000个。

生产实践中发现，传统种植三叶青如果单一使用化肥或者大量使用廉价的有机肥，容易出现地上枝叶茂盛，地下三叶青块根量少的情况。因此，编者研究团队研发了一种促进三叶青地下块根生长专用配方肥，主要成分为35%的缓释复合肥（N：P：K=12：11：18），40%的微生物发酵有机肥，20%的蚕沙，5%的草木灰，并在每50kg肥料中添加1kg的熟石灰配比而成。

1. 定植

三叶青林下生态种植时间比大田稍微延后，一般在4月中旬至6月上旬，要求随起苗随栽培，起好的种苗注意保湿。

2. 日常管理

林下生态种植三叶青，管理比较简单，一般不需要架设遮阳网，除非林区朝南，且林木较稀疏，需要在每年7～9月架设遮阳率在30%的遮阳网。如果夏季温度高于39℃或连续干旱，可进行雾状喷水保持空气湿度50%，低温季节对种植袋要采用稻草或稀疏的树枝覆盖保暖。

三、三叶青冻害及其预防措施

三叶青是多年生植物，低温冻害会导致其越冬成活率降低，特别是极端低温年份损失较大。因此采取积极有效的防冻技术措施是保证三叶青产量和品质的重要途径。

（一）霜冻和冻害的危害

早春出现严重晚霜，使已萌发的三叶青嫩梢、芽、幼叶和花序受害；秋天过早出现早霜，使三叶青营养生长期不足，新梢不能充分成熟而遭遇冻害。三叶青在遭受霜冻（图2-9，图2-10）以

图2-9 受冻后地上部分枯萎

图2-10 三叶青冻害主要表现

后，叶片呈黄褐色，状似灼伤，受冻部分在解冻后呈水烫状，细胞脱水，枝蔓枯萎，后转黄干枯，严重的全株死亡。当发生冻害后短时间内植株难以恢复，较轻冻害可以在当年恢复长势，较重冻害经过1～2年精心管护才能恢复。

（二）冻害的主要表现及特征

1. 茎冻害

茎轻微受冻时只表现髓部变色，中等冻害时木质部变色，严重冻害时才伤及韧皮部和形成层，形成层变色时茎失去恢复能力。尤其是生长较晚发育不成熟的嫩茎，保护性组织不发达，最易遭受冻害，有些茎看起来没有受冻，但是发芽晚、叶片小，剖开木质部色泽已变褐。

2. 花芽冻害

花芽较叶芽和茎抗寒力低，多出现在早春，花芽受害时，花器发育迟缓或出现畸形，严重时全树花芽干枯死亡，花芽分化程度越深、越完全，则抗寒力越低，三叶青的腋花芽较顶花芽抗冻能力强。有的外表没有变化，但是其内部芽髓已变褐，严重时导致花芽死亡干缩。

3. 根茎冻害

根茎是地上部进入休眠最晚的部位，且所处的位置接近地面，往往是小气候变化剧烈而引起的，特别在根部积水多的情况下更易发生。根茎冻害对植株危害很大，受冻后皮层变黑，重则形成层坏死，引起植株整株死亡。

4. 根系冻害

根系是三叶青春天开始活动最早的器官。当土壤温度恢复到5℃以上时，根系就有了活跃的生理功能。根系冻害发生以深冬季节为多，根系生长于地下，冻害不易被发现，根系受冻后变褐，皮层与韧皮部分离。当三叶青根系受到冻害后主要表现为春季萌芽晚或不整齐，茎生长初期甚至叶片生长后又出现干缩等现象。

（三）预防冻害的主要措施

目前真正有效的防寒栽培技术很少，烟幕防护对辐射型低温有较好的防寒作用，使用地下水（10～20℃）对三叶青基地区进行弥雾，可以提高土温，保护三叶青茎叶。

1. 弥雾增湿

林下容器栽培，利用林荫减少霜冻，避免霜冻直接影响三叶青地上茎叶，同时整个园区修建喷灌系统，低温寒潮来前，园区进行弥雾，增加种植园的湿度和温度，避免三叶青茎叶表面结霜，产生冻害。

2. 容器覆膜

为防止每年12月至翌年3月份的霜冻，每年的11月末之前在栽培容器上架设小拱棚并覆盖白色薄膜，翌年3月底去掉拱棚即可。容器覆膜与冬季喷灌对比，投资比全园建弥雾系统低，兼具保温、保湿等作用，并能促进植株连续生长等优点。

四、主要病虫害防治

三叶青常见病害有叶斑病、白绢病、腐烂病，常见虫害有蚧壳虫、蚜虫、红蜘蛛。目前没有登记的对口农药，应以农业防治为主，清洁田园，合理施肥，拔除病株等，但生产上有用农药防治的习惯（图2-11，附录1）。

（1）白绢病

（2）褐斑病

（3）叶枯病

图2-11 三叶青主要病害

第四节 三叶青采收和加工方式

一、采收

按照浙江省中药炮制规范，三叶青全年可采。但研究表明，每年的冬至至惊蛰期间采收的质量最好，此时采摘的三叶青块根药用效果最好，经检测淀粉含量在70%以上，黄酮含量在0.5%以上，多糖含量在13%以上。编者研究团队研发了一种便捷式三叶青种植箱，采收三叶青的块根时，无需将植株整体从土中挖出，只需通过调节升降装置上的调节环即能实现，方便省力，工作效率高，避免了对母本植株的损坏。

三叶青的块根表皮呈白色起皱的，表明生长周期不足三年，未成熟，处于生长期；块根表皮颜色呈棕褐色的，表明生长周期在3～8年（图2-12），处于成熟期，表现为个体饱满不皱皮，肉质呈白色，此等为上品；块根表皮颜色带红色的，生长周期在8年以上，处于衰老期。生长期和衰老期的药材品质均次于成熟期。三叶青在种植三年后，藤的颜色呈褐色时，观察块根的表皮颜色，如表皮呈棕褐色表示三叶青已进入成熟期，最好于冬至至惊蛰期间采收。

（1）3年生

（2）7年生

图2-12　三叶青块根

二、加工

（一）清洗

三叶青块根表面有皱纹和少数皮孔状的小瘤状隆起，有时还有凹陷，其内残留棕褐色细根，质硬而脆。因此三叶青块根清洗耗时耗体力，编者研究团队研制出一种用于三叶青的清洗设备（图2-13）。通过设置可以翻转的清洗框，并在清洗框中间穿连可转动的毛刷，同时清洗池上方边缘设置喷淋装置，使得三叶青块根能够充分全方位冲洗，在清

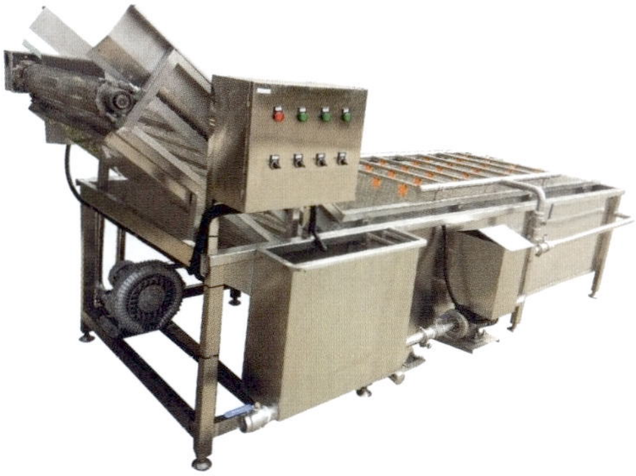

图2-13　三叶青块根清洗设备

洁池内浸洗掉大部分杂质后，通过喷淋进一步清洗表面杂质。

（二）干燥加工

取三叶青地下块根，鲜用者，除去泥土、须根等杂质；干用者，洗净，干燥。

1. 阴干

置于室内阴凉通风处。

2. 晒干

置于室外阳光下晾晒。

3. 热风干燥

置于电热鼓风干燥箱内，设定温度60℃，恒温烘干。

4. 微波干燥

置于微波炉中，低火模式下间歇加热。

5. 冷冻干燥

置于冷冻干燥机内，设定温度为-55℃，真空度为0.02psi（1psi=6.895kPa）。除微波干燥每隔2min翻动1次外，其余干燥方法均每隔3h翻动1次，直至连续2次测定的质量差小于1g时终止干燥。

综合干燥成本、药材质量和产业推广等各方面，认为将新鲜的三叶青块根采用60℃热风干燥是较适宜的干燥工艺。

6. 产地趁鲜加工

2021年9月29日，根据《药品管理法》《中医药法》和国家药监局综合司《关于中药饮片生产企业采购产地加工（趁鲜切制）中药材有关问题的复函》（药监综药管函〔2021〕367号）等精神，浙江省中药饮片产业协会发布了包括三叶青在内的首批14种《浙江省产地趁鲜切制加工中药材品种目录》，规定了三叶青产地趁鲜切制加工工艺，即“全年可采，洗净，切厚片，干燥”。

三、成本及效益分析

（一）林下种植成本与效益分析

效益分析（以三年采收期，人工1人，一亩地为例，土地租赁费用暂时不计）。土地利用面积35%，约230m^2，可套种三叶青约2000盆，每盆移栽三叶青3株，每株苗成本1～1.5元，苗总成本约6000元；人工三年工资约4万元；围栏、浇灌设备、耗材、农资等投入约5000元，合计总成本为5.1万元。三叶青种植三年后可收成，每盆以80～100g计，总共约200kg，每千克按600元计，收入约12万元。由此，每亩年利润约2.3万元。

（二）钢架大棚种植成本与效益分析

效益分析（以三年采收期，人工2人，一亩地为例，土地租赁费用暂时不计）。土地利用面积80%约500m^2，可栽种三叶青苗约8000盆，每盆移栽三叶青3株，每棵苗成本

1~1.5元，苗成本约2.4万元；人工三年工资约8万元；大棚、浇灌设备、耗材、农资等投入4万~5万元，合计总成本约15万元。三叶青种植三年后可收成，每棵苗以20g计，总共约480kg，每千克按600元计，收入约28万元。由此，每亩年利润约4万元（平均三年）。

第五节　三叶青质量标准及监测

来源：全年均可采收，以冬至至惊蛰期间采收为佳。新鲜或干燥块根入药。

性状：三叶青为类圆形或不规则的厚片，直径0.5～4cm。表面棕红色至棕褐色。切面类白色或粉红色。质松脆，粉性。气微，味微甘。

三叶青粉为黄白色或淡红色粉末，细腻均匀。

鲜三叶青呈纺锤形、葫芦形或椭圆形，长1～7.5cm，直径0.5～4cm。表面灰褐色至黑褐色，较光滑。切面白色，皮部较窄，形成层环明显，质脆。

鉴别：粉末类白色。淀粉粒极多，多单粒，椭圆形、类三角形、类圆形，脐点点状、短缝状、星状或人字状，复粒少见；黏液细胞类圆形或方形，内含黏液质，有的含草酸钙针晶束；草酸钙针晶成束或散在；纤维金黄色，单个，多破碎；导管为具缘纹孔导管。

（1）真伪鉴别　三叶青块根饮片中混有乌头类植物子根的生品，两者的鉴别要点为正品切面类白色或粉红色，形成层环不明显，可见突起的茎痕。伪品切面类白色或浅灰黄色，形成层环明显呈多角形，可见凹陷的芽痕。豆科植物土圞儿与三叶青原植物三叶崖爬藤形态较相似，临床应用时极易混淆。与三叶青药材不同的是，土圞儿外表面呈土黄色，有的可见横向突起的皮孔及点状须根痕迹，断面呈黄白色，形成层环和维管束不清晰。此外，编者研究团队还建立了一种基于ITS2序列变异的可同时鉴别三叶青正品、伪品和掺伪品的PCR-RFLP方法和一种基于DNA模拟酶高效可视化快速鉴别三叶青真伪的方法。

（2）品种鉴别　浙江产野生三叶青药材呈纺锤形、卵圆形、椭圆形或葫芦形，长18～31mm，直径6～17mm。表面棕褐色，多数较光滑，少数有皱纹和皮孔样小瘤状突起，或有凹陷，其内残留棕褐色细根。质硬而脆，断面平坦或粗糙，多数类白色，也可见淡粉红色，粉性，可见淡棕色形成层环，水浸液有明显的黏性。与广西、云南产三叶青比较，浙江产三叶青个体较小，较圆整，不规则块状较少，表面较光滑，断面多数类白色，水浸液黏性较大。此外，编者研究团队还建立了利用近红外光谱、结合机器学习算法的双模显微高光谱成像快速鉴别三叶青品种和产地的方法。分别可实现对4个或6个产地来源三叶青的高效鉴别，鉴别准确率可达90% 和96.3%，后者还可鉴别青藤和紫藤三叶青。

（3）质量鉴别　鲜品块根呈长条状、纺锤形、葫芦形或椭圆形，长1～7.5cm，直径0.5～2.5cm。外表皮呈现灰褐色至黑褐色。质脆，断面白色或类白色，气微，味微甘为佳品。饮片为类圆形或不规则形的厚片，直径0.2～1.5cm。表面灰褐色至黑褐色。切面白色或类白色。质松脆，粉性。气微，味微甘。粉性足，粉末细腻均匀，黄白色为佳品。

浸出物：照《中国药典》（2020版）醇溶性浸出物测定法项下的热浸法测定，用70%乙醇作溶剂，三叶青和三叶青粉不得少于7.5%。

鲜三叶青切片置80℃干燥后，照《中国药典》（2020版）醇溶性浸出物测定法项下的热浸法测定，用70%乙醇作溶剂，不得少于9.0%。

参考文献

［1］浙江省卫生厅. 浙江省中药炮制规范［M］. 杭州：浙江科学技术出版社，1986.

［2］全国中草药汇编编写组. 全国中草药汇编（上册）［M］. 北京：人民卫生出版社，1975.

［3］江苏新医学院. 中药大辞典（下册）［M］. 上海：上海人民出版社，1977.

［4］国家中医药管理局《中华本草》编委会. 中华本草（第五册）［M］. 上海：上海科学技术出版社，1999.

［5］曾美玲，沈耐涛，吴赛伟，等. 基于UPLC-Triple-TOF/MS方法的三叶青化学成分分析［J］. 中草药，2017，48（05）：874-883.

［6］王静. 三叶青HPLC指纹图谱的质量评价及快速繁育研究［D］. 杭州：浙江理工大学，2016.

［7］张煜炯，彭昕，吉庆勇，等. 聚类分析和主成分分析法研究三叶青氯仿部位HPLC指纹图谱［J］. 中成药，2016，38（03）：607-612.

［8］何孝金. 三叶青有效成分测定方法的优化及栽培三叶青的品质评价［D］. 福州：福建农林大学，2015.

［9］蔡韦炜，陈丹，范世明，等. 三叶青地上部分化学成分分析［J］. 福建中医药大学学报，2013，23（05）：34-35+42.

［10］黎颖君，宋伟峰. 超临界二氧化碳流体萃取三叶青藤挥发油成分分析［J］. 中国医药导报，2012，9（22）：26-27.

［11］饶君凤，吕伟德，倪承珠，等. 离子色谱法测定三叶青多糖中单糖组成［J］. 亚太传统医药，2016，12（12）：42-44.

［12］中国科学院中国植物志编辑委员会. 中国植物志（第48卷，第2册）［M］. 北京：科学出版社，1998.

［13］Peng X, Zhang YY, Wang J, et al. Ethylacetate extract from *Tetrastigma hemsleyanum* induces apoptosis via the mitochondrial-caspase-dependent intrinsic pathway in HepG2 cells [J]. Tumor Biology, 2016, 37:865-876.

［14］傅志勤，黄泽豪，林婧，等. 蛇附子化学成分及抗氧化活性研究［J］. 中草药，2015，46(11)：1583-1588.

［15］Hossain MA, Shah MD, Gnanaraj C, et al. In vitro total phenolics, flavonoids contents and antioxidant activity of essential oil, various organic extracts from the leaves of tropical medicinal plant *Tetrastigma* from Sabah [J]. Asian Pacific Journal of Tropical Medicine, 2011, 4(9):717-721.

［16］黄真，毛庆秋，魏佳平. 三叶青提取物抗炎、镇痛及解热作用的实验研究［J］. 中国新药杂志，2005，14（7）：861-864.

［17］Lou TL, Ji T, Peng X, et al. Extract from *Tetrastigma hemsleyanum* leaf alleviates pseudomonas aeruginosa lung infection: network pharmacology analysis and experimental evidence [J]. Frontiers in Pharmacology, 2021. https://doi.org/10.3389/fphar. 2021.587850.

[18] Xu CJ, Ding GQ, Fu JY, et al. Immunoregulatory effects of ethyl–acetate fraction of extracts from *Tetrastigma hemsleyanum* Diels et. Gilg on immune functions of ICR mice [J]. Biomedical and Environmental Sciences, 2008, 21(4):325–331.

[19] 曹岗，张纪达，吴鑫. 三叶青总黄酮在治疗抗肝纤维化药物中的用途 [P]. 中国专利：201710193253. 9，2017.

[20] 丁丽，纪其雄，李鸿文. 三叶青水提物及其含药血清对人胃腺癌细胞株的抑制作用 [J]. 中国实验方剂学杂志，2012，18 (17)：212–214.

[21] 丁丽，纪其雄，吕雯婷，等. 三叶青水提物体内、体外抗肿瘤作用的研究 [J]. 中成药，2013，35 (5)：1076–1078.

[22] Ji WW, Peng X, Lou TL, et al. Total flavonoids from *Tetrastigma hemsleyanum* ameliorates inflammatory stress in concanavalin a–induced autoimmune hepatitis mice by regulating Treg/Th17 immune homeostasis [J]. Inflammopharmacology, 2019, 27:1297–1307.

[23] Ji T, Ji WW, Wang J, et al. A comprehensive review on traditional uses, chemical compositions, pharmacology properties and toxicology of *Tetrastigma hemsleyanum* [J]. Journal of Ethnopharmacology, 2021, 264:113247.

[24] 吉庆勇，程文亮，吴华芬，等. 三叶青生物学特性研究 [J]. 时珍国医国药，2014，25 (1)：219–221.

[25] 彭昕，吉庆勇，程文亮. 一种促进三叶青种子萌发的方法 [P]. 中国专利：201510009103. 9，2016.

[26] 彭昕，吕计进，陶忠富，等. 一种防杂草的三叶青栽培装置及其设计方法 [P]. 中国专利：ZL201811048956. 3，2021.

[27] 吉庆勇，彭昕，程科军，等. 一种三叶青地下块根生长配方肥及其配比方法 [P]. 中国专利：ZL2017101449 10. 0，2017.

[28] 彭昕，王志安. 中国三叶青资源研究与利用 [M]. 北京：中国轻工业出版社，2018.

[29] 陈良富，乔海军，彭昕. 一种便携式三叶青种植箱 [P]. 中国专利：ZL201620464110. 8，2017.

[30] 陈良富，乔海军，彭昕. 一种用于三叶青的清洗设备 [P]. 中国专利：ZL201620464101. 9，2016.

[31] 陈翔，郭海波，刘婷，等. 多指标评价不同干燥工艺及切片对三叶青质量的影响 [J]. 中国药房，2017，28 (31)：4441–4444.

[32] 殷红妹. 水蛭和三叶青的真伪优劣鉴别 [J]. 中国药业，2011，20 (20)：78–79.

[33] 李水福，朱筱芬. 三叶青与土圞儿的鉴别 [J]. 中国民族民间医药杂志，1999，40：297.

[34] 彭昕，吉庆勇，张煜炯，等. 快速鉴别三叶青及其多种伪混品的PCR–RFLP方法 [P]. 中国专利：ZL201510016355. 4，2017.

[35] 彭昕，陈宸，杨瑞康，等 运用DNA模拟酶高效可视化鉴别三叶青真伪的方法［P］. 中国专利：ZL 201610308445. 5，2019.
[36] 赵永伟，李水福，朱筱芬，等. 三叶青的生药学鉴定［J］. 基层中药杂志，1998，12（3）：7–8.
[37] Lai TY, Cai FH, Peng X, et al. Identification of *Tetrastigma hemsleyanum* different places with FT–NIR combined with kernel density estimation algorithm [J]. Spectroscopy and Spectral Analysis, 2018, 38(1):1–6.
[38] Jiao CW , Xu ZP, Bian QW, et al. Machine learning classification of origins and varieties of *Tetrastigma hemsleyanum* using a dual–mode microscopic hyperspectral imager [J]. Spectrochimica Acta Part A: Molecular and Biomolecular Spectroscopy, 2021. 261:120054.

第三章　灵芝

第一节　灵芝概况

一、灵芝来源

灵芝的种类很多，一般是指灵芝科灵芝属灵芝种中的赤芝，见图3-1。赤芝［*Ganoderma lucidum*（leyss. ex Fr.）Karst.］为多孔菌科真菌。在民间有灵芝草、神芝、芝草、仙草、瑞草等美称。

图3-1 赤芝

二、灵芝资源分布

灵芝主要分布于亚洲的中国、朝鲜半岛和日本等地。国内主要分布于浙江、黑龙江、吉林、安徽、江西、湖南、贵州、广东、福建等地。其中浙江龙泉和安徽霍山目前已被国家质检总局实施地理标志产品保护，武义灵芝获国家质检总局“中华人民共和国生态原产地产品”标志保护。

三、灵芝成分及功效

灵芝的主要生理活性成分有灵芝多糖、三萜类化合物、蛋白质、多肽、核苷类、呋喃类、甾醇、生物碱和氨基酸等。而其中的灵芝多糖、三萜类化合物等是灵芝的主要活性成分。灵芝多糖大多为杂多糖，即除了含有D-葡萄糖外，大多还含有D-半乳糖、D-甘露糖、D-木糖、D-岩藻糖、L-鼠李糖、L-阿拉伯糖等单糖。灵芝三萜化学结构较为复杂，为高度氧化的羊毛甾烷衍生物，多数具有苦味。灵芝蛋白质有多种类型。

灵芝甘，平。归心、肺、肝、肾经。具有补气安神、止咳平喘的功效。临床上常用于心神不宁，失眠心悸，肺虚咳喘，虚劳短气，不思饮食等症。现代研究和临床实践证明，其具有增强免疫、抗肿瘤、抗心血管系统疾病、抗衰老、安神镇静、抗过敏、抗辐射等作用。

四、灵芝的产业现状及发展趋势

（一）产业现状和前景

我国灵芝的药用已经有3000多年的历史，20世纪50年代中国科学院微生物研究所首次成功栽培灵芝，逐渐实现了灵芝规模化生产。目前，全球灵芝及孢子粉产量约16万t，产值超过50亿美元，中国、日本、韩国是灵芝主产国。2015年我国人工代料和段木栽培面积达到15万亩左右，灵芝及孢子粉产量约12万 t ，产值16亿美元，分别约占全球的75%和30%，已成为世界上灵芝的主要生产和出口国。灵芝现代产业起步不超过60年，短短数十年使得灵芝从神话中走出来迈入现代科学的殿堂。灵芝产业属于现代农业，是一个不与粮争地、不与地争水、不与其他产业争资源，低能耗可持续发展的产业，已成为农业增效、农民争收的优势产业，是解决农村剩余劳动力、就业和增收的有效途径，为解决我国“三农”问题提供了一个非常好的模式。从灵芝栽培，到灵芝深加工，再到灵芝医药，符合现代农业发展特征。可以预见，在所有灵芝相关从业人员共同努力下，灵芝产业必将从中华大地走向世界，造福于人类。

（二）产业发展主要问题及发展趋势

1. 野生资源问题

近年来由于野生灵芝价格节节攀升，人们不管其成熟与否，掠夺性地采集，对野生灵芝资源造成了严重的破坏，致使野生灵芝种源濒临灭绝。

2. 品种问题

我国的灵芝主栽品种大多引自韩国、日本等地，由于引进品种的产地自然气候和环境差异大，引起菌种活性退化、产量低、品质差、抗病虫害及杂菌能力差等情况，缺乏适宜我国各产地栽培的优良品种。我国自主选育的灵芝专用品种较缺乏，如适合工厂化栽培的品种、高多糖和高三萜的品种、适合制作观赏盆景的品种等。另外，对育成品种缺乏有效的知识产权保护，导致育种工作者和企业的育种投入积极性不高。

3. 标准化栽培技术问题

目前以农户栽培为主体，规模化、标准化的种植水平有待提高，多采用以原木为原料的种植方式，消耗较多林木资源。同时，以农户为主体的种植方式，其灵芝质量难以控制，致使部分灵芝质量较差，农残及重金属超标，高品质的灵芝货源不足，难以为加工产品提供优质原料。

4. 科技支撑力量和产业动力不足

财政资金对科研的投入不足，致使一些食用菌研究所通过销售菌种来维持实验室的正常工作，而无暇顾及科学研究。近年来科研投入虽有所增加，但由于研究基础较弱，技术创新水平提升较慢，特别是产业通用技术和基础应用研究不足，影响了产业高质量发展。目前，我国从事食药用菌产业的有2500多万人，却没有形成专门的食药用菌人才培养体系。专业人才的缺乏是食药用菌产业面临的棘手问题。

五、灵芝生物学特性

（一）形态学特征

灵芝（图3–2）由菌丝体和子实体组成。菌丝透明无色，具分隔多分支，直径1～3μm。表面常有白色草酸钙结晶。子实体为木栓质，由菌柄、菌盖和菌盖下边的子实层组成。子实体成熟后成为木栓化，表皮层组织革质化，外观为赤褐色，有光泽。菌盖多呈肾形或半圆形，上有环状轮纹及辐射状皱纹；下面菌肉连着紧密排列的相互平行的菌管，呈白色或淡褐色，平均每平方毫米4～5个。内壁为子实层，孢子从子实层内产生；孢子褐色，卵形，具双壁，中有一核及一大油滴。菌柄侧生，长5～19cm，色与盖同。

图3–2 灵芝

（二）适生环境

灵芝为腐生菌，可寄生在活树上，生长的温度为3～40℃，以26～28℃最佳。在基质含水量接近200%，空气相对湿度90%，pH 5～6的条件下生长良好。灵芝为好氧菌，子实体培养时应有充足的氧气和散射的光照。

（三）生长发育规律

灵芝在4～6月生长速度比较快，生长旺盛，株高、菌盖直径、鲜重等都明显增大，进入7月份，灵芝子实体基本停止生长，菌盖木质化并开始弹射灵芝孢子粉。9～10月灵芝孢子粉弹射结束。

灵芝一般在11月中旬至次年1月下旬进行栽培种接种，4～5月份排场，6月份出芝，8～9月份采收子实体；采收孢子粉的灵芝在7～8月套筒或整畦铺布收集孢子粉，10月份采收。

第二节　灵芝繁育技术

一、灵芝菌种繁育

目前常用的繁育技术主要有：组织分离技术、基内菌丝分离技术、孢子分离技术。

（一）组织分离技术

用快刀将菌蕾或子实体从基物上割下，用清洁纱布或纸袋将菌蕾包好，放到接种箱或超净工作台上。接种箱经过灭菌；超净工作台经过15min的紫外线照射和吹风净化后即可进行分离。分离时子实体表面用蘸有75%乙醇并拧干后的纱布擦拭，然后用锋利小刀将菌蕾表皮切去，将里面的肉质部分分割成谷粒大小的小块，接种于斜面试管培养基中。每管放1块，塞好棉塞即成。接种10～20管，然后放于22～26℃下培养，菌丝长至2/3斜面培养基时，按组织分离标准挑选优良的灵芝菌种做进一步扩大繁殖，见图3-3。

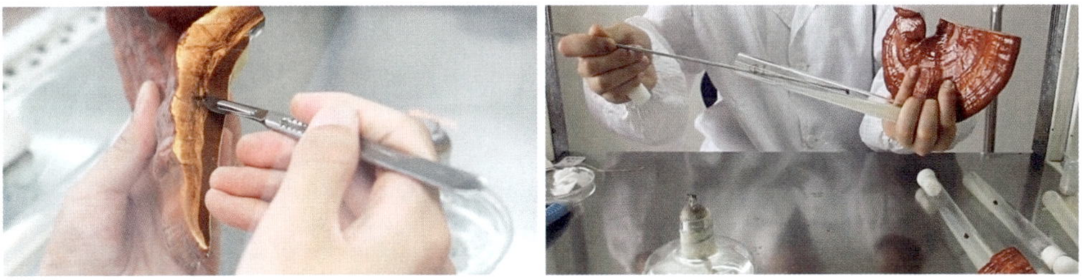

图3-3 灵芝组织分离

（二）基内菌丝分离技术

取长有子实体的段木一段，表面用刀切去材质松软的部分，送入接种箱，在接种箱中用蘸有75%乙醇并拧干的纱布擦拭，进行表面消毒，再劈去表面部分，将里面长有灵芝菌丝（图3-4）的木材劈成火柴梗大小，用镊子送入试管内培养基上，塞好棉塞即成。然后放于22～26℃下培养，菌丝长至2/3斜面培养基时，按组织分离标准挑选优良的灵芝菌种做进一步扩大繁殖之用。

图3-4 灵芝菌丝

（三）孢子分离技术

从清洁环境培养的灵芝中选取个大、质坚、柄短的子实体，待子实体成熟，开始散发孢子时，用灭菌的纸做成纸套，套于灵芝子实体上，孢子即会弹射溅落在纸套内。取下纸套中较多数量的孢子经清洗、消毒后移于试管斜面培养基上（图3–5），22～26℃下培养。新鲜灵芝孢子在适宜温度下8～9d即能萌发。当萌发的菌丝长成星网状后，将萌发的菌丝挑于试管斜面培养基上。菌丝长至2/3斜面培养基时再按组织分离标准选取菌种。

图3–5 孢子粉分离

二、灵芝菌种生产

灵芝菌种采用母种（一级种）、原种（二级种）、栽培种（三级种）的繁育体系，可避免无限扩大繁殖导致菌种变异，保证菌种质量。

（一）母种生产

1. 培养基配方与制作方法

初次分离并经鉴定的灵芝纯菌丝母种，或者从科研单位引进的优质灵芝母种，由于数量有限，不能满足生产上的需要，必须进行扩大繁殖培养，以增加数量。其工艺流程：配制培养基、分装、灭菌、摆放斜面，见图3–6。

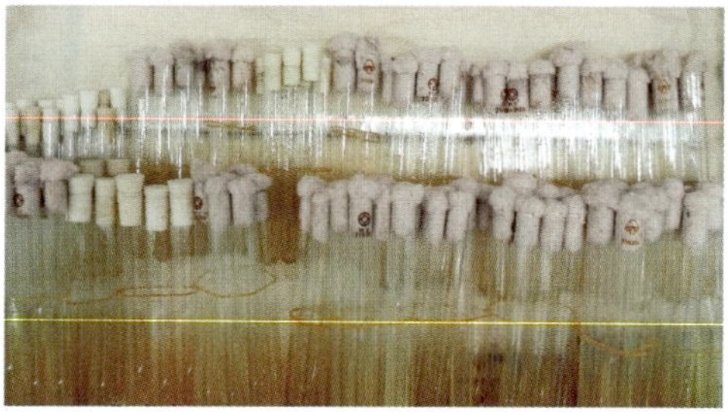
图3–6 斜面培养基的制作

2. 转接扩繁

待试管冷却后置常温或25℃下3～4d，若无杂菌污染，即可用于生产灵芝母种。选生长旺盛、菌龄较短、菌丝层尚未出现色素分泌物的上述纯种，按无菌操作规程，用接种针挑取黄豆大小的菌丝块，转接于试管斜面培养基中央。一般1支试管种，可扩大移接20～40支，见图3–7。

图3–7 灵芝转接扩繁准备

3. 培养与检查

接种后置28℃恒温箱或培养室中避光发菌（图3–8），前3天每天要检查发菌情况，3d后可隔天检查，发现有杂菌污染的试管要取出弃去。

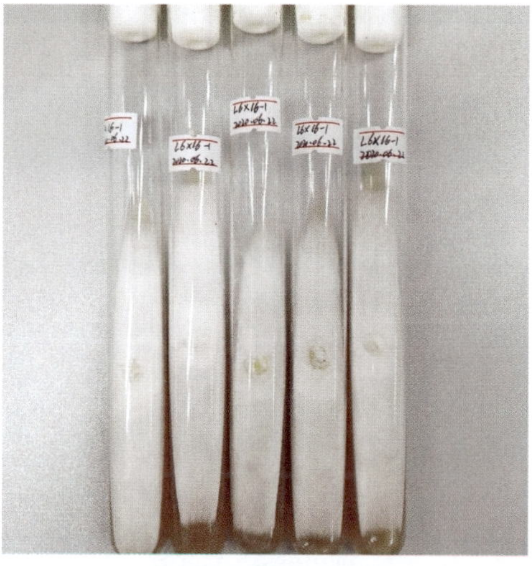
图3–8 灵芝母种培养

4. 保存

菌丝长满斜面要及时使用，或置4℃冰箱中保存。

（二）原种、栽培种生产

原种（即二级种）和栽培种（即三级种）的培养基配方和制作方法相同，只是原种接入的是灵芝母种，栽培种接入的是灵芝原种。

1. 培养基配方与制作方法

配方：干木屑78%、麸皮20%、糖1%、石膏粉1%，可根据各地资源进行调整。

制备方法：先将糖溶于水，待其他料干拌均匀后加入糖水，调含水量为60%～65%（原种稍干些，栽培种稍湿些，春季稍干些，夏季稍湿些），pH7.0～7.5。培养料拌匀调水后，即可装瓶（袋），压平料面，封口即可装锅灭菌。

干木屑制备见图3-9。

2. 灭菌

高压灭菌时，0.15～0.17MPa压力下保持4h，停止加热后保持密闭12h；常压灭菌（图3-10）时，应在蒸汽温度达100℃后维持10～12h，停止加热后保持密闭12h。

图3-9 干木屑制备

图3-10 常压灭菌

3. 接种

灭菌后待料温降到30℃以下时，在接种室（箱）内按无菌操作接入母种或原种。1支母种接4～5瓶（袋）原种（图3-11），1袋原种接30～40袋栽培种（图3-12）。

4. 培养与检查

接种后送入培养室置床架上，关闭门窗，在25～28℃下避光发菌。前期每隔1～2d检查一次（图3-13，图3-14），发现有杂菌污染，应及时取出处理。

5. 保存与运输

灵芝原种及栽培种都应在冷藏库进行保存，采用冷藏车进行运输。

图3-11 原种接种

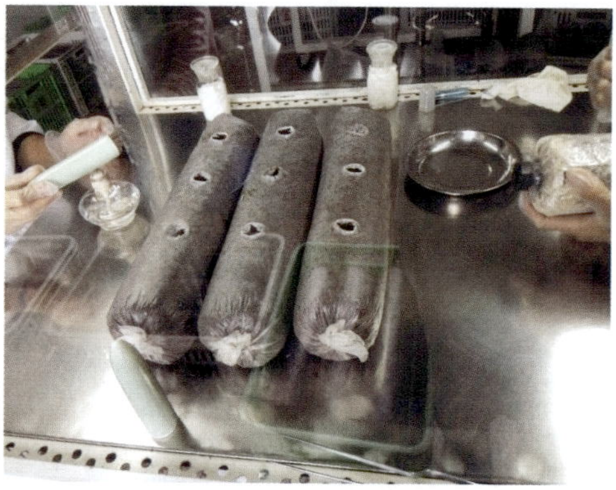

图3-12 栽培种接种

图3-13 原种培养与检查

图3-14 栽培种培养与检查

三、灵芝菌种标准

灵芝菌种的质量要求见表3-1。

表3-1 灵芝菌种的质量要求

菌种级别	质量要求
母种	菌丝白色至浅黄色，平贴、菌苔厚实，无杂菌、无害螨、无脱壁、无积水及高温卷，在22～25℃下，48h能恢复生长
原种栽培种	菌丝呈放射状排列、末端整齐、白色棉絮状，无黄色菌被形成且有灵芝特殊的气味。无杂菌、无害螨，在22～25℃下，48h能恢复生长

第三节　灵芝生产用种制备技术

生产用种主要有段木与代料两种形式。

一、灵芝菌段生产

（一）树种选择

除松、杉、樟、桉、木荷等含油脂、芳香刺激性气味及有毒树种外的阔叶树，以壳斗科、杜英科、金缕梅科等树种为宜。

（二）段木制作

在落叶至萌芽前选择直径6cm以上的原木采伐。砍伐时应保护好树皮，避免太阳暴晒。约20d后，含水量在38%～45%时截成15～30cm长的段木（图3-15），断面应平整。

（三）装袋

把截好的段木剔去尖角和毛刺，装入长度60～80cm、筒径扁宽30～35cm、厚度为0.06～0.08mm的高密度低压聚乙烯筒袋中，每袋视段木粗细可装1～5根，小心装袋，防破损，袋子两头用绳子扎好，见图3-16。

图3-15 段木

图3-16 装袋

（四）灭菌

采用常压灭菌，使袋内温度快速上升到98～100℃后连续保温16h以上。经灭菌后趁热从灭菌灶中搬出，发现袋子破损的立即用胶布封住。

（五）接种

接种前接种室或接种棚用食用菌专用气雾消毒剂熏蒸消毒。当灭菌后的段木温度冷却至30℃以下，按接种规范要求，在无菌条件下进行两头接种，菌种铺满两头截面，扎紧袋口。

（六）培养

将接种后的菌段搬入培养室中，在15～28℃下叠层培养90～110d。培养期间适时通风，空气湿度宜控制在60%～80%。

二、灵芝菌袋生产

（一）菌袋制作

以木屑、麸皮、白糖、石膏等原料按不同比例配方，采用常规法拌料，调含水量在65%左右，装入聚丙烯或高密度低压聚乙烯袋（规格一般为15cm×35cm×0.04cm），约装干料450g。

（二）灭菌

装完料即灭菌，采用常压灭菌，使袋内温度快速上升到98～100℃后连续保温16h以上。经灭菌后趁热从灭菌灶中搬出，发现袋子破损的用胶布封住。

（三）接种与培养

待料温降至30℃以下时，在接种箱（室）内无菌操作接种，接种后扎紧袋口，移入经消毒的场所排放，堆高6～8层，在室温20～28℃、空气湿度60%～70%、弱光或黑暗、通风良好的条件下培养。

三、灵芝生产用种标准

当菌段（袋）表面出现浅黄色的菌皮、有小原基形成、菌段（袋）轻压有弹性、菌丝体紧密黏结时可排场，见图3-17。

图3-17 成熟菌段

第四节 灵芝人工种植技术

人工种植模式主要包括设施化栽培、林下仿野生栽培及工厂化栽培三种模式，本文介绍前两种种植技术。

一、设施化栽培

（一）场地选择

灵芝栽培场地宜选择通风良好、水源清洁、排灌方便的区域。土壤、水源、大气质量等达到国家二级标准，禁止在非适宜区种植。

（二）**大棚建设**

设施大棚走向因地形而异，一般以南北走向为宜。依栽培场地搭建单体棚或钢架连栋大棚，单体棚高2.5～2.8m，棚顶覆盖遮阳网等遮阳材料，棚架四周用遮光材料围严。

（三）**整畦**

棚架下做畦，畦上泥土预先深翻打细发白，畦面撒石灰粉消毒。畦宽1.4～2.2m，畦高25cm，畦沟宽40～50cm，见图3-18。

1. 排场

在4～5月选择晴天下地排放。将菌段（袋）排放在畦上，根据畦宽每畦横排3～5段（堆）。通风5～10d后再脱去菌袋，依次排放在畦上，菌段（袋）间距5～10cm，行距20～25cm，见图3-19。

图3-18 整畦

图3-19 排场

2. 覆土

在菌段（袋）间填满泥土，覆土厚度1～2cm，菌段（袋）不外露，覆土后应对畦面喷一次水，使土壤湿润并与菌段（袋）接触紧密，喷水后若菌段（袋）表面的泥土被水冲刷而外露的应及时补土，见图3-20。

（四）**盖膜**

每畦插上弧形毛竹片，构成拱形架，架中间离畦面50～60cm，架上盖塑料薄膜，将整个畦罩住，见图3-21。

（五）**出芝管理**

1. 湿度

菌蕾形成至开片时，空气湿度宜保持在90%～95%；子实体开片基本完成，菌盖边缘稍有黄色时，空气湿度宜保持在85%～90%；子实体趋于成熟至孢子弹射期，空气湿度宜保持在80%～85%。

图3-20 覆土

图3-21 盖膜

2. 水分

在原基形成和幼芝生长期，土表干燥发白的地方应适当喷水，但畦内泥土不宜过湿，喷水应细缓。在采收灵芝子实体或套筒收集孢子粉前7天停止喷水。

3. 温度

用遮阳、喷水、掀盖膜等方法控制出芝过程的温度，最适温度为20～30℃。

4. 通风

在灵芝原基还未形成时，可用通风来调节棚内的温度和湿度；灵芝原基形成到幼芝生长期，应利用掀开棚两端薄膜的方式通风；子实体开伞后卷起拱形棚两侧薄膜，加大通风量，见图3-22。

5. 光照

根据气温和日照情况，在盛夏高温强日照下增加遮阳度，使棚内光照强度保持在七分阴三分阳。保持光照均匀，防止灵芝因向光偏向生长。

6. 疏芝

同一菌段（袋）形成的过多原基可用锋利小刀从基部割去，每根菌段（袋）保留1～2朵。疏芝原则为去弱留强、去密留疏，见图3-23。

图3-22 通风

图3-23 疏芝

二、林下仿野生栽培

（一）林地选择

选择朝阳、郁密度60%～70%、坡度5°～15°，腐殖土厚度20cm，土层下为沙石，土壤含水量35%，林内空气相对湿度在85%的林地。要求栽培场地是排水良好的沙壤土，朝向东南坐西北的坡地或平地，土质疏松，见图3-24。

图3-24 林下栽培

（二）整畦

在林地内沿水平线修整种植带，清理杂草、蕨类，保留原有杂灌林木。根据林地实际情况，挖深25～30cm、直径20cm菌穴，或作畦，畦高20～25cm，畦宽1～1.2m，畦长根据地形确定，畦间留45～50cm宽作业道，畦间挖30cm深排水沟，在拱棚四周挖排洪沟，排水沟与排洪沟相连。

（三）排场覆土

选择晴天，埋段（袋）前清理畦床，将菌段（袋）摆放在畦床旁，用刀将菌段（袋）外表面的塑料袋划破，并将菌段（袋）放在畦床上，间距以20～30cm为宜。再覆盖2～3cm厚的湿润肥沃的松土，淋上少量水，用原有塑料包装覆盖。

（四）出芝管理

种植一周内将覆盖的塑料包装撤除。在原基生长阶段，土粒保持无白心为宜。在开伞阶段，应轻轻去除芝盖面的枯枝，避免灵芝生长中出现缺陷，并适时疏芝。如气温在35℃以上或者土地偏干时，可适当在林中喷雾，以降温保湿。

三、主要病虫害防治

灵芝种植过程中，病虫害的防治是一项重要工作，主要虫害有灵芝谷蛾、灵芝膜喙扁蝽、黑翅白蚁等，主要病害和防治方法如下。

（一）木霉

危害症状：在灵芝菌丝生长阶段，培养基或段木被木霉污染后，表面显现深绿或蓝绿色，抑制灵芝菌丝生长；在灵芝子实体生长阶段感染木霉，灵芝子实体生长停止，变绿发霉；若不及时处理，使灵芝培养失败，减产减收，见图3-25。

图3-25 木霉菌感染的菌段

防治措施：①保持栽培环境的清洁卫生。②子实体生长阶段，对芝棚应做好遮光、保湿及通风工作，防止灵芝原基长出后受阳光直接暴晒而灼伤，防止芝田积水，覆土含水量过高，子实体成熟后及时采摘。③加强早期防治，如子实体感染绿色木霉，应及时摘除，以防蔓延。

（二）黄曲霉

危害症状：黄曲霉感染菌木，初时略带黄色，随着菌丝蔓延，菌落变为黄绿色，产生大量的分生孢子，再形成二次污染，造成灵芝菌丝生长缓慢或无法生长。

防治措施：①保持栽培环境的清洁卫生。②培养料彻底灭菌，掌握好灭菌时间，确保培养料温度达到100℃时连续保温16h以上。③控制温度，加强通风，创造灵芝菌丝培养良好条件。其他措施参照木霉的防治措施。

（三）镰孢霉

危害症状：在菌丝培养阶段侵染灵芝段木，菌段受镰孢霉污染后，先在段木表面长出疏松的网状菌丝，生长迅速，后产分生孢子堆，呈团状或球状，稍受震动，便散发到空气中到处传播，见图3-26。

图3-26 镰孢霉感染菌段

防治措施：①保持栽培环境的清洁卫生。②在菌段的生产培养过程中不损伤塑料袋。③对已在袋子破口形成橘红色块状分生孢子团的，应用湿布或浸有柴油的纸包好后小心移出，深埋或烧毁，防止孢子的扩散。其他措施参照木霉的防治措施。

（四）黏菌

危害症状：常在灵芝栽培的出芝阶段污染，初期在灵芝覆土层表面出现黏糊的网状菌丝，其菌丝会变形运动，发展迅速，在1～2d蔓延成片。侵染灵芝的主要有网状黏菌和发网状黏菌，其菌丝分别为黄白色和灰黑色。覆土灵芝被黏菌侵染后不仅停止生长，且芝体受害出现病斑、腐烂，严重影响灵芝的产量和质量。

防治措施：除覆土栽培前对畦床泥土进行有效的消毒外，平时要注意加强芝棚的通风、排湿，降低地下水位，防止栽培场地长期处于高湿状态，对发生黏菌危害的地块用生石灰粉等撒布覆盖，抑制其扩散生长，并挖除发病部位泥土和菌段。

第五节 灵芝采收和加工方式

一、采收条件及方法

（一）子实体采收

当芝盖边缘的白色生长圈消失转为红褐色，菌盖表面色泽一致、不再增大时，在晴天用果树剪在灵芝留柄1.5～2cm处剪下菌盖，除去残根。

（二）孢子粉采收

在芝盖边缘的白色生长圈基本消失，菌盖下有少量孢子弹射时，采用单个套筒或整畦铺布等方式进行收集。在大部分灵芝基本停止弹射孢子后收起孢子粉，放置在干净的容器里，见图3-27。

图3-27 灵芝孢子粉

二、处理及加工方式

（一）处理

灵芝子实体除去杂质，剪除附有朽木、泥沙或培养基质的下端菌柄。

（二）干燥

1. 子实体

即采即烘，将采收后的灵芝子实体剪去基柄部，剔除黏附在子实体表面和菌柄上的杂质，背面朝上，正面朝下，摊晾在筛上，整筛放入热风循环烘干机（图3-28）烘干，控制温度45～65℃，烘至含水量15%以下，并控制好进出风量，风量应先大后小。

2. 孢子粉

搭建竹木或钢架塑料拱棚，在采收当天将孢子摊晒（图3-29）在洁净的塑料薄膜上晒干，棚的两头用薄膜围住，防止起风天气带入泥沙和其他杂质，或用热风循环烘干机、专用烘干机等烘干。烘干温度控制在40～60℃，至含水量8%以下贮藏。

（三）种植效益

1. 设施化栽培成本与效益分析

按照间距为5～10cm、行距20～25cm计算，1亩大棚可放置菌段（22cm×22cm）3500段。亩产灵芝（干品）质量约为250kg，按照80元/kg的市场行情，每亩收益2万元；亩产灵芝孢子粉（干品）质量约为500kg，按照400元/kg的市场行情，每亩收益20万元；人工成本2万元，大棚架、农膜、遮阳网、喷灌系统以及设施化大棚折旧投

图3-28 热风循环烘干机

图3-29 灵芝孢子粉摊晒

入10万元，利润为10万元。

2. 林下仿野生栽培成本与效益分析

如每亩灵芝种植地约需1万千克的菌棒，一般50kg的菌棒可收干灵芝2.5kg左右，每亩投入菌棒费用约2万元，可生产干灵芝500kg左右，按150元/kg计算，产值为7.5万元，扣除成本（菌棒费用约2万元，其他费用约5000元）后纯收入可达5万元。

第六节 灵芝质量标准及监测

一、灵芝子实体

来源：为多孔菌科真菌赤芝［*Ganoderma lucidum*（leyss. ex Fr.）Karst.］的干燥子实体。全年采收，除去杂质，剪除附有朽木、泥沙或培养基质的下端菌柄，阴干或在45～65℃烘干。

性状：外形呈伞状，菌盖肾形、半圆形或近圆形，直径12～22cm，厚1.5～4cm。皮壳坚硬，黄褐色至红褐色，有光泽，具环状棱纹和辐射状皱纹，边缘薄而平截，常稍内卷。菌肉白色至淡棕色。菌柄圆柱形，侧生，少偏生，长7～15cm，直径1～3.5cm，红褐色至紫褐色，光亮。孢子细小，黄褐色。气微香，味苦涩。

鉴别：①本品粉末浅棕色、棕褐色至紫褐色。菌丝散在或黏结成团，无色或淡棕色，细长，稍弯曲，有分枝，直径2.5～6.5μm。孢子褐色，卵形，顶端平截，外壁无色，内壁有疣状突起，长8～12μm，宽5～8μm。②取本品粉末2g，加乙醇30mL，加热回流30min，滤过，滤液蒸干，残渣加甲醇2mL使溶解，作为供试品溶液。另取灵芝对照药材2g，同法制成对照药材溶液。照薄层色谱法（通则

0502）试验，吸取上述两种溶液各4μL，分别点于同一硅胶G薄层板上，以石油醚（60～90℃）–甲酸乙酯–甲酸（15∶5∶1）的上层溶液为展开剂，展开，取出，晾干，置紫外光灯（365nm）下检视。供试品色谱中，在与对照药材色谱相应的位置上，显相同颜色的荧光斑点。③取本品粉末1g，加水50mL，加热回流1h，趁热滤过，滤液置蒸发皿中，用少量水分次洗涤容器，合并洗液并入蒸发皿中，置水浴上蒸干，残渣用水5mL溶解，置50mL离心管中，缓缓加入乙醇25mL，不断搅拌，静置1h，离心（转速为4000r/min），取沉淀物，用乙醇10mL洗涤，离心，取沉淀物，烘干，放冷，加4mol/L三氟乙酸溶液2mL，置10mL安瓿瓶或顶空瓶中，封口，混匀，在120℃水解3h，放冷，水解液转移至50mL烧瓶中，用2mL水洗涤容器，洗涤液并入烧瓶中，60℃减压蒸干，用70%乙醇2mL溶解，置离心管中，离心，取上清液作为供试品溶液。另取半乳糖对照品、葡萄糖对照品、甘露糖对照品和木糖对照品适量，精密称定，加70%乙醇制成每1mL各含0.1mg的混合溶液，作为对照品溶液。照薄层色谱法（通则0502）试验，吸取上述两种溶液各3μL，分别点于同一高效硅胶G薄层板上，以正丁醇–丙酮–水（5∶1∶1）为展开剂，展开、取出、晾干，喷以对氨基苯甲酸溶液（取4–氨基苯甲酸0.5g，溶于冰醋酸9mL中，加水10mL和85%磷酸溶液0.5mL，混匀），在105℃加热约10min，在紫外光灯（365nm）下检视。供试品色谱中，在与对照品色谱相应的位置上，显相同颜色的荧光斑点。其中最强荧光斑点为葡萄糖，甘露糖和半乳糖荧光斑点强度相近，位于葡萄糖斑点上、下两侧，木糖斑点在甘露糖上，荧光斑点强度最弱。

检查： 均以干燥品计。灵芝子实体含灵芝多糖以无水葡萄糖（$C_6H_{12}O_6$）计均不得少于0.90%，含三萜及甾醇以齐墩果酸（$C_{30}H_{48}O_3$）计均不得少于0.50%，含水溶性浸出物均不得少于3.0%，水分不得过17.0%，总灰分不得过3.2%。

二、灵芝孢子粉

来源： 为多孔菌科真菌赤芝的干燥成熟孢子。灵芝弹射孢子时采收，除去杂质，干燥。

性状： 为黄棕色的粉末。气微，味淡。

鉴别： 黄棕色粉末。孢子褐色，呈卵形，长6～11μm，宽4～7μm，顶端平截或钝圆形，孢壁双层，外壁透明、平滑，内壁淡褐色或近褐色。

检查： 杂质：取本品，置显微镜下观察：不得检出菌丝、淀粉粒等异物。

水分：不得过9.0%［《中国药典》（2020版）水分测定法烘干法］。

总灰分：不得过3.0%［《中国药典》（2020版）灰分测定法］。

参考文献

［1］周州，余梦瑶，江南，等. 我国灵芝栽培研究近况及其未来发展趋势探讨［J］. 中国食用菌，2017，36（04）：5–7.

［2］李钦艳，陈逸湘，钟莹莹. 灵芝主要活性成分及其功能的研究进展（综述）［J］. 食药用菌，2015，23（02）：86–91.

［3］查良平，袁媛，黄璐琦. 灵芝古今临床效用考［J］. 中国现代中药，2016，18（05）：653–656.

［4］金鑫，刘宗敏，黄羽佳，等. 我国灵芝栽培现状及发展趋势［J］. 食药用菌，2016，24（01）：33–37.

［5］华敏. 中国现代灵芝产业现状及发展对策［J］. 北方经贸，2010（10）：82–83.

［6］何伯伟，李明焱，陆中华. 段木灵芝全程标准化操作手册［M］. 浙江：浙江科学技术出版社，2016.

［7］国家中医药管理局《中华本草》编委会. 中华本草（第一卷）［M］. 上海：上海科学技术出版社，1999.

［8］黄毅. 灵芝工厂化栽培之我见［J］. 食药用菌，2017，25（01）：20–23.

［9］徐培清. 杉树林下套种灵芝效益高［J］. 农村百事通，2014（15）：28.

第四章 白及

第一节 白及概况

一、白及植物来源

白及［*Bletilla striata*（Thunb.）Reichb. f.］为兰科白及属多年生草本植物，以干燥块茎入药。始载于《神农本草经》："主痈肿，恶创，败疽，伤阴，死肌，胃中邪气，贼风，鬼击，痱缓不收"，别名为白根、白及子、白芨、羊角七、连及草等，见图4-1。

图4-1 白及植株

二、白及资源分布

白及原产于我国，主产贵州、浙江、云南、四川等省，在长江流域及以南各省区亦有分布；国外主要分布于朝鲜半岛和日本等。常生于海拔在100～3200m的针叶林、阔叶林、路边或岩石缝中。

三、白及成分及功效

白及块茎主要含有白及多糖、白及胶质、挥发油、甾类、萜类、酯类、醚类、白及醇、菲类衍生物、蒽醌衍生物等化学成分，具有抗菌消炎、防癌抗癌、祛皱抗衰老等药理作用。白及苦、甘、涩，微寒。归肺、肝、胃经。现代研究发现白及有止血、促进伤口愈合、抗胃溃疡、宫颈炎等作用，对实验性烧烫伤、烧伤动物模型能促进肉芽生长，促进创面愈合，另外还有抗菌、抗肿瘤的作用。临床上白及的中药复方广泛用于咯血、支气管炎、肺炎、肺结核和原发性肺癌，消化性溃疡出血以及烧伤、烫伤等方面，为云南白药、胃康宁胶囊、胃乐、快胃片、复方烧伤喷雾剂等的主要原料。除临床用药外，白及还可作乳化剂、悬浮剂等。白及制成的牙膏，可用于治疗咽喉红肿热痛、口腔溃烂、牙周炎、牙龈炎等口腔和牙科疾病。

四、白及的产业现状及发展趋势

（一）产业现状和前景

随着白及应用领域不断扩展，其市场需求也不断扩大，而白及人工栽培繁殖速度相对较慢，长期以来靠采挖野生白及，野生资源濒临灭绝。近年来广西、浙江、云南、贵州、湖南、江西等地开展大面积人工栽培，但种植面积相对较分散。随着研究的不断深入和开发利用，白及应用的范围越来越广，其需求量也越来越大。2010年以来随着白及市场需求的增加和野生资源的枯竭，白及市场价格不断上涨，成为价格上升最快的药材之一。2017年9月白及产新以来，价格迅速回落，市场统货价格由850元/kg持续下滑至2021年的150元/kg左右。

（二）产业发展主要问题

1. 野生资源锐减、品种参差不齐

由于连年掠夺式采挖加上其天然生境日益恶化，使得野生白及分布范围逐年缩小，濒临灭绝边缘，已被国家列为重点保护的野生药用植物之一。目前野生白及种群密度已极小，多为1～2年生的幼小植株，多年生的很少见。全国第4次资源普查（试点）显示，在贵州、重庆、云南等白及药材传统产区，已很少有野生白及的分布，几乎所有产区都面临资源枯竭的境地。

过去人工栽培白及多是从山上采挖假鳞茎进行种植，直接来源于野生资源的白及未经人工选育，品质参差不齐，产量相差大，此外，不同来源地的白及，对于栽培地的环境及土壤适应性也有一定差异。种苗质量直接影响白及的移栽成活率及产量和品质。十几年前白及种苗主要靠分株繁殖，繁殖系数低，用种量大，占用药用资源，还存在品种退化等问题，很难发展大面积生产。目前，组培快繁技术、大田直播技术的成功有利于解决种苗短缺的问题。

2. 品质难控制、质量无控制标准

由于白及的化学成分复杂以及药效价值的多样，在白及的质量标准控制方面，并没有对药理活性相关指标成分进行质量控制，国内外研究大多通过测定白及中多糖的含量控制白及的质量，而以多糖为测定指标控制白及的质量远远不能满足白及质量标准控制的要求。人工种植白及的氨基酸和矿质元素多数低于野生白及。白及质量的控制和制定质量检测标准亟待研究。

3. 前期投入大，生产周期长

在生产中，种植白及的林农和企业普遍认为，组培或无菌萌发都对设施、设备要求较高，导致白及种苗的成本较高，前期投入大，一定程度上限制了大面积人工种植的发展。白及生长缓慢，生产周期长，整个种植过程面临许多技术难题。

第二节　白及生物学特性

一、形态学特征

植株高18～60cm。假鳞茎扁球形，肥厚，肉质，黄白色，上面具荸荠似的环带，富黏性，常数个相连，须根较多。茎粗壮，劲直。叶4～6枚，狭长圆形或披针形，先端渐尖，基部收狭成鞘并抱茎。总状花序顶生，花3～10朵，疏生；花序轴或多或少呈"之"字状曲折；花苞片长圆状披针形；花大，紫红色或粉红色；萼片3，花瓣状，狭长圆形，先端急尖；花瓣较萼片稍宽；唇瓣较萼片和花瓣稍短，倒卵状椭圆形，白色带紫红色，具紫色脉；唇盘上面具纵褶片，从基部伸至中裂片近顶部；雄蕊与雌蕊结合成合蕊柱，与唇瓣对生，柱状，具狭翅，稍弓曲，顶端中部略凹。花期4～5月。蒴果纺锤形，有6棱，成熟时淡黄色，缝裂。种子细小，多数，见图4-2。

二、生态学特性

白及喜生于阴凉、湿润、土质疏松的腐殖土及肥沃的沙质壤土中。忌强光直射，

（1）花　（2）蒴果　（3）叶　（4）茎

图4-2 白及形态学特征

夏季高温干旱时叶片容易枯黄。不耐寒，平均气温在14℃以上生长旺盛；低于10℃时生长不良；0℃以下及遇到低温霜冻时，白及假鳞茎会冻伤或冻死。种植两年后要求较充足的阳光、土壤含水量25%～30%。水分过多，往往引起假鳞茎及根系腐烂，甚至全株死亡。在年平均降雨量1200mm左右，相对湿度75%～85%的地区，生长发育良好。白及是浅根性植物，其假鳞茎在土中10～15cm处，故要求土层厚度30cm左右。具有一定肥力、含钾和有机质较多的微酸性至中性土壤，有利于白及假鳞茎生长，产量高。

三、物候学特征

在我国的大多数地区，白及于2月出芽，4月开花，开花后进入快速生长期，在秋季，块茎开始营养器官的分化，冬季倒苗。4月份温度过低会严重影响白及的生殖生长，进而影响其挂果与后续的生长。当年温度变化较大时会缩短白及年生长期，使其生长发育受阻。6月白及处于快速生长期。在10～11月，白及假鳞茎（图4–3）膨大长成V形，且V形假鳞茎两个尖端开始花和叶的分化并长成可见的芽，温度过低会阻碍白及营养器官的分化及芽的形成，而适量的水分却与过低温度作用相反。1月白及处于休眠期，土壤温度相对于地面温度较高，土壤能对其假鳞茎起到保护作用。夏季白及处于快速生长期，该季节降水量的多少将影响白及假鳞茎的膨大及其他营养器官的生长。

图4–3 白及假鳞茎

第三节 白及种苗繁育技术

目前生产上多用分株繁殖、种子无菌繁殖、种子直播等。

一、分株繁殖

该方法简单、便捷，易于操作，生长周期短；缺点是繁殖系数低，用种量大。10～11月收获时，选当年生具有老秆和嫩芽、大小相似、芽眼多、无病虫害和破损的白及假鳞茎作种植材料。将假鳞茎分切成小块，切面力求平滑，每块至少带1～2个芽，切口晾干或沾草木灰后栽种，以防种茎腐烂，尽量不要损害假鳞茎表皮和隐芽。

二、种子无菌繁殖

采集成熟而未裂开的蒴果，在无菌条件下剖开蒴果，将种子均匀地抖落到培养基表面。然后置于温度为（25 ± 2）℃的恒温培养室中培养，光照度为2000 ~ 2500lx，光–暗周期10 ~ 14h。30d左右种子萌发。在MS培养基上形成白色或淡绿色愈伤组织。将愈伤组织转接分化培养基上，10 ~ 15d后则可出现大量的丛生芽，光照后，很快转为绿色芽，并可不断增殖。将芽移入培养基上，可长出粗壮根系，并形成完整的再生植株。成苗后置于70%遮阳炼苗棚苗床上，进行瓶内炼苗5 ~ 7d，然后往瓶内灌入少量清水，轻轻取出组培苗，用清水洗净植株基部的培养基后，用50%多菌灵可湿性粉剂500倍液浸泡8 ~ 10min。选用水苔等为驯化基质，用于驯化的苗应该为生长健壮、无污染、无烂茎、烂根。组培苗驯化时间根据实际情况来定，一般1 ~ 2个月。经炼苗后移植，成活率可达95%以上，且长势旺盛，见图4–4。

（1）蒴果

（2）播种

（3）原球茎

（4）组培苗

图4–4 种子无菌繁殖

三、种子直播繁育

种子在0.5mg/L的萘乙酸水溶液中浸泡5 ~ 12h，取出用吸水纸吸干，将滑石粉与萘乙酸为10000：1（质量比）的混合物及种子按照50：1（体积比）充分拌匀。在育

（1）组培苗

（2）块茎

（3）种苗驯化

（4）直播育苗

图4-5 不同繁殖方法

苗盘表面覆盖一层透明薄膜，播种一周后每隔3天浇水一次，控制温度20～30℃、湿度为60%～80%。直播180d后，植株均长出4～5片真叶，株高15～18cm，根系发达，块茎1.2～1.8cm，可作为成品苗进行移栽。

不同繁殖方法见图4-5，三种繁殖方法优缺点比较见表4-1。

表4-1 三种繁殖方法优缺点比较

繁殖方法	优点	缺点
分株繁殖	简单、便捷，易于操作，生长周期短	繁殖系数低，用种量大
种子无菌繁殖	种子作为外植体操作容易、萌发率高，培养的幼苗生长较为迅速。经炼苗后移植，成苗率高，且长势旺盛	所需操作环境要求高，前期设备资金投入大，后期需有固定存放空间培养
种子直播繁育种苗	操作简单、快捷。	生长周期长，且后期田间管理要求高，成苗率相对较低

第四节　白及种植技术

一、林地选择

种植白及选择山坡的中下部，通常选择坡度为20°以下，坡向朝南或朝东南的地块，山顶要保留水源，严禁大面积毁林开荒、全垦连片种植白及。长江中下游地区能露地栽培。白及在郁闭度为0.4～0.7的林下栽培均可，但阔叶林下栽培效果最佳。选择阴山缓坡或山谷平地，要求土层深厚、肥沃疏松、排水良好的微酸性至中性沙质壤土或腐殖质壤土。

二、整地作畦

定植白及前，将林地内整理干净，清除枯枝杂草。适当对阔叶林进行整枝，调整林下透光率。把土壤翻耕20cm深左右，每亩施农家肥1000kg，或撒施三元复合肥50kg，使土和肥料拌匀。栽植前浅耕1次，拣尽石头、杂草、树根，把土整细、耙平，作宽130～150cm，高20cm的畦，四周开好排水沟，畦沟宽30cm，待播。干旱地区，要在耕前灌水，或者在早春趁墒情较好时整地进行覆盖保墒，见图4–6。

（1）林地选择清理

（2）林地整地

（3）设施栽培选地

（4）设施栽培整地

图4–6 选地整地

三、栽种期及栽种方法

白及种植可分为秋栽和春栽两种主要方式，以秋栽为好，秋栽的白及，次年出苗早，植株生长健壮。浙江一般采用秋栽，于9～10月进行，秋栽可与药材采挖同时进行。用假鳞茎作种时，按照株行距（20cm×30cm）开深8～10cm沟，每穴放1个种茎，芽向上，用土回填。用组培苗作种时，按照株行距（20cm×25cm）开深8～10cm的沟，每穴放1株组培苗，苗入土2～3cm，用土回填，稍用力压实，浇足定根水，盖草或松针保湿。移栽时应注意保护顶芽和须根。

四、田间管理（图4-7）

（一）中耕除草

白及植株矮小，杂草易于孳生，应及时中耕除草。定植后，要及时拔除杂草，前1～2年内，不应留有杂草；定植2年后，可视生长情况适当除草。根据白及生长情况，一般每年中耕除草4次，第一次在3～4月齐苗后，第二次在6月生长旺盛期，第三次在8～9月生殖生长期，第四次是10～11月入冬休眠期。清除田间杂草后，应在根部培土，以利于翌年春季萌发。中耕清园，中耕宜浅，避免损伤嫩芽。

（1）补苗间苗

（2）浇水

（3）施肥

（4）除草

图4-7 田间管理

（二）追肥

白及喜肥，定植后应及时追肥。每年结合中耕除草追肥3次，每次追肥都应在除草后进行。第一次在齐苗期，每亩施腐熟有机肥2000kg；第二次在生长旺盛期，每亩施草木灰100kg；第三次在生殖生长期，每亩施厩肥或土杂肥2500kg，撒入畦面。

（三）灌溉排水

白及不耐旱，喜阴湿环境，2～4月可适当补充水分，干旱天气要多浇水，每次浇水浇透即可，保持土壤湿润，切不可多浇，避免白及烂根。除此之外，要保持林地沟内排水顺畅，应根据生长期及时排灌。

（四）间苗、补苗、间作

定植当年，应适当对白及幼苗进行间苗或补苗。去除掉枯死、过密、有病虫害的幼苗，对空隙过大之处及时补苗。新植入的幼苗要浇透水，确保其成活。且为充分利用土地，栽种后前两年可在其行间间作短期作物，如蔬菜、大豆、玉米等，以增加经济效益，做到以短养长。

（五）摘花

在白及植株出现花蕾后，要及时将花摘去，有效减少养分损失，提高单位面积产量。

（六）越冬保护

冬季气温过低时，或高海拔温度较低的种植区，应做好冬季防寒抗冻措施，应适当覆盖稻草或树叶，防止冻伤，通常是覆土或施充分腐熟的农家肥后再覆土，以使安全入冬。待春季出苗时揭开盖草。

五、病虫害防治

白及种植过程中，主要的常见病虫害有根腐病、褐斑病、地老虎、蛴螬等，目前没有登记的对口农药，应以农业防治为主，清洁田园，合理施肥，拔除病株等，但生产上有用农药防治的习惯（附录1）。特别注意，在采收白及前2个月内禁止使用任何农药。

白及病害见图4-8。

（1）根腐病　　（2）褐斑病

图4-8 白及病害

第五节　白及采收和加工方式

一、采收条件及方法

白及以栽培后第4年的9～10月当茎叶黄枯时采收为佳。采挖时先清除地上残茎枯叶，离植株40～50cm处逐步向中心处挖取，挖出老根茎抖去泥土，运回加工，挖出的块茎要除去须根。要注意勿将白及挖伤或挖破。

二、处理及加工方式

块茎挖出后，去掉泥土，将块茎分成单个（图4–9），选留种茎。其余块茎剪去茎秆、须根，放在清水中浸泡1h，洗净泥土，置开水锅内煮或烫至内无白心，晒干或烘干后，放入竹筐来回撞击，撞去未净粗皮与须根，使之成为光滑、洁白的半透明体，筛去灰渣即可。白及烘干切片见图4–10。

图4–9 采收后的鲜品

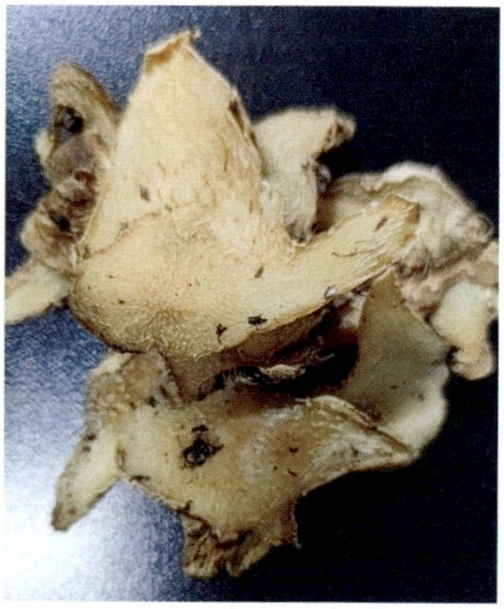

图4–10 白及烘干切片

三、成本及效益分析

林下套种白及3000～4000株/亩。种苗费4500～6000元/亩；肥料、农药费1500元/亩；喷灌设施1000元/亩；人工及其他费用11500元/亩；三年总投入18500～20000元。按照3年干品产量300kg/亩，当前市场价140元/kg计算，可新增产值4.2万元/亩，除去每亩20000元左右的成本，年均亩净收入约为0.70万元。具体价格以当地市场行情为准。

第六节　白及质量标准及监测

来源：主产于四川、贵州、浙江、湖南等地，夏、秋二季采挖，干燥块茎入药。

性状：干燥块茎略呈掌状扁平，有2～3个分枝，长1.5～4.5cm，厚约0.5cm。表面黄白色，有细皱纹，上面有凸起的茎痕，下面亦有连接另一块茎的痕迹，以茎痕为中心，周围有棕褐色同心环纹，其上有细根残痕。质坚硬，不易折断。横切面呈半透明角质状，并有分散的维管束点。气无，味淡而微苦，并有黏性。以根茎肥厚、色白明亮、个大坚实、无须根者为佳。

鉴别：

（1）药材鉴别　本品呈不规则扁圆形，多有2～3个爪状分枝，长1.5～5cm，厚0.5～1.5cm。表面灰白色或黄白色，有数圈同心环节和棕色点状须根痕，上面有凸起的茎痕，下面有连接另一块茎的痕迹。质坚硬，不易折断，断面类白色，角质样。气微，味苦、涩，嚼之有黏性。

（2）饮片鉴别　饮片呈不规则的薄片或不规则块片状，外表皮灰白色至黄棕色，饮片切面类白色，角质样，可见点状或短线状维管束凸起，偶见表面有残存的短须根痕，较正品白及干枯而粗糙，无厚润感。气微，味苦，涩。嚼之有黏性。

（3）理化鉴别　取样品粉末2g，加70%甲醇20mL，超声处理30min，过滤，滤液蒸干，残渣加水10mL使溶解，用乙醚振摇提取2次，每次20mL，合并乙醚液，挥发至1mL，作为供试品溶液。另取白及对照药材1g，同法制成对照药材溶液。照薄层色谱法试验，吸取供试品溶液5～10μL、对照药材溶液5μL，分别点于同一硅胶G薄层板上，以环己烷–乙酸乙酯–甲醇（6∶2.5∶1）为展开剂，展开，取出，晾干，喷以10%硫酸乙醇溶液，在105℃加热数分钟，放置30～60min。供试品色谱中，在与对照药材色谱相应的位置上，显相同颜色的斑点；置紫外光灯（365nm）下检视，显相同的棕红色荧光斑点。

检查：总灰分≤5.0%；SO_2残留量≤400mg/kg；水分≤15.0%；按照干燥品计算，含1，4–二［4–（葡萄糖氧）苄基］–2–异丁基苹果酸酯不得少于2.0%。

参考文献

［1］孙乐乐，杨永红，刘军凯，等．白及的本草考证［J］．中药材，2010，33（12）：1965–1968.

［2］陈娅娅，杨琳，吴明开．白及生长发育特性分析［J］．湖北农业科学，2013，52（7）：1593–1595.

［3］罗新根，刘文庸，张卫东，等．中药白及的化学成分及临床研究进展［J］．药学实践杂志，1999，17（6）：359–364.

［4］马先杰，崔保松，韩少，等．中药白及的化学成分研究［J］．中国中药杂志，2017，42（8）：1578–1584.

［5］韩广轩，孙义华，罗晓静．中药白及药理作用及临床应用进展［J］．药学实践杂志，2004，22（4）：215–217

［6］曹建新，姜远标，张朝玉，等．药用植物白及研究进展［J］．林业调查规划，2016，41（3）：29–32.

［7］张永为，蒋福升，王寅，等．白及产业现状及可持续发展的探讨［J］．中华中医药学刊，2012，30（10）：2264–2267.

［8］赵媚，杜晓泉．白及资源现状与临床新用［J］．亚太传统医药，2017，13（19）：70–72.

［9］仇硕，赵健，唐凤鸾，等．白及产业的发展现状、存在问题及展望［J］．贵州农业科学，2017，45（4）：96–98.

［10］张建霞，付志惠，李洪林，等．白芨胚发育与种子萌发的关系［J］．亚热带植物科学，2005，34（4）：32–35.

［11］任风鸣，刘艳，李滢，等．白及属药用植物的资源分布及繁育［J］．中草药，2016，47（24）：4478–4487.

［12］潘胤池，李林，肖世基，等．白及繁育技术研究进展［J］．中成药，2018，40（5）：1142–1149.

［13］Yoo YK, Kim HK. Effects of pseudobulb size and planting depth on the growth and flowering in *Bletilla striata* [J]. J Korean Soc Horticul Sci, 2000, 41(2):217–220.

［14］张燕，黎斌，李汝娟，等．白芨种子的无菌萌发过程观察和组培快繁研究［J］．北方园艺，2013（03）：158–160.

［15］刘春雷，刘燕琴，陈艾萌，等．珍稀药材白及“两段式”组培快繁技术研究［J］．西南大学学报（自然科学版），2020，42（01）：30–36.

［16］崔瑞勤，陈科力，徐雷．基于组培快繁技术的白及种子萌发和幼苗形态观察［J］．江苏农业科学，2015，43（02）：238–240.

［17］牛俊峰，王喆之．白及种子直播繁育新方法［J］．陕西师范大学学报（自然科学版），2016，44（4）：83～86.

［18］黄作喜，肖小君，张杨，等．白芨假鳞茎的采收与贮藏保鲜技术［J］．江苏农业科学，2014，42（10）：276–277.

第五章 黄精

第一节 黄精概况

一、黄精植物来源

“黄精”一词通常泛指百合科黄精属（*Polygonatum* Mill.）中的一类可以药用的植物，其中，多花黄精（*Polygonatum cyrtonema* Hua）与滇黄精（*Polygonatum kingianum* Coll.et Hemsl.）、黄精（*Polygonatum sibiricum* Red.）的干燥根茎均为中药材黄精的正品来源，而多花黄精在华东和华南地区分布最广，也最为常见，在民间也被称为南黄精、山姜、野生姜、姜形黄精等，见图5-1。

（1）多花黄精　（2）滇黄精　（3）黄精

图5-1 “黄精”植物来源

二、黄精资源分布

多花黄精主要产自我国长江以南各省区，包括四川、贵州、湖南、湖北、河南（南部和西部）、江西、安徽、江苏（南部）、浙江、福建、广东（中部和北部）和广西（北部），其自然生境为海拔500～2100m的林下、灌木丛或山坡。

滇黄精主要产于我国云南、四川和贵州，越南、缅甸也有分布。生林下、灌木丛或阴湿草坡，有时生岩石上，分布在海拔700～3600m。

黄精分布于我国东北、华北、黄河流域及安徽东部和浙江西北部，此外朝鲜、蒙古和俄罗斯西伯利亚东部地区也有分布，生于海拔800～2800m的林下、灌木丛或山坡。

三、黄精的成分与功效

黄精含有多糖、皂苷、黄酮、木脂素、氨基酸、醌类化合物、维生素、生物碱及多种微量元素等多种成分。黄精多糖是黄精最主要活性成分，《中国药典》（2020版）中规定：黄精药材按干燥品计算，含黄精多糖以无水葡萄糖计，不得少于7.0%，采用不同炮制方法，对多花黄精多糖含量影响较大，炮制次数增加会使多糖含量下降。皂苷也是黄精中含量较多的一类活性成分，主要包括甾体皂苷和三萜皂苷等，多花黄精根茎中皂苷的干重含量可达702mg/g。多花黄精中的黄酮类物质也较丰富，目前，共从多花黄精中分离得到了18种不同的黄酮类化合物。

经炮制后的中药黄精，甘，平，归脾、肺、肾经，具有补气养阴、健脾、润肺、益肾的功效。从现代医学的角度来看，黄精中的黄精多糖、皂苷、挥发油类等有效成分具有提高免疫力、促进肠促胰素（GLP-1）的分泌进而降低血糖，抑制癌细胞生长，以及抗菌、抗病毒等功能。

四、黄精产业现状及发展趋势

（一）黄精产业现状和前景

20世纪末期，我国的黄精市场年需求约800t左右，主要作为中药材使用。随着社会经济发展和生活水平的提高，人民群众的保健意识普遍增强，对于黄精的需求量也日益增长，目前国内黄精市场的年需求量约为4000t。其中只有约20%用于医疗和相关药材的生产开发，其余80%主要作为保健食品等大健康产品的原料。自2000年以来，黄精市场价格整体上呈上升趋势，2010年前处于平稳上升阶段，2010年5月，黄精价格开启快速上涨模式，从14元/kg起步上涨，到2011年5月价格飙升至35元/kg。1年之内，黄精价格翻倍上涨，大大刺激了药农采挖积极性，各产区产量大增；2012年整体药市行情低迷，黄精价格依然在28元/kg，而后随着库存消耗殆尽，在供需失衡的影响下价格继续高升。2014年在整个药市低迷的大环境下，黄精表现不俗，曾一度涨到55元/kg的高价，直至产新结束，行情回落至47～48元/kg。2017年11月，全国主要药材市场行情坚挺运行，其中玉林市场湖南统货在48～50元/kg，制黄精65～70元/kg。2021年时，药材市场黄精统货价格在60元/kg左右。

《中医药健康服务发展规划（2015—2020年）》《中药材保护和发展规划（2015—2020年）》《中医药发展战略规划纲要（2016—2030年）》等一系列政策措施相继出台，为中药资源保护、驯化、栽培及其产业推广等多方面给予了资金扶持和政策支持。随着人们生活质量的提升和对于养生的日益重视，使得具备“药食同源”这一重要特性的黄精在日常生活中的地位日益凸显，黄精的生产量与使用量迅速增加，黄精产业发展具有广阔的前景。

（二）产业发展主要问题与发展对策

1. 主要问题

（1）黄精优良品种选育与林下栽培技术　黄精良种选育相对滞后，育成品种较少，不同林地林下生态栽培技术有待规范化、标准化。

（2）产品研发与精深加工急需加强　深加工及综合利用研发不足，加工工艺急需优化，黄精产品档次低、生产规模小，造成产品附加值低。目前市场上主要有黄精饮片、黄精丸、黄精冲剂、黄精茶、黄精酒、黄精酥、黄精糖等传统黄精产品，高附加值产品较少。

2. 发展对策

（1）加大研发投入　对野生黄精种质资源的驯化、优良品种的选育和人工栽培技术特别是林下生态种植技术的研发工作加大投入，培育并推广黄精优良品种，开展规模化、工厂化育苗，推广规范生态种植技术。

（2）加工工艺提升　在政策和资金上加大扶持力度，给予中小型加工企业足够的扶持，扩大生产规模，鼓励企业进行技术优化，提升黄精产品加工工艺，拓展产品门类，提高产品档次，积极推进高校、科研院所的科技成果转化，提高黄精产品附加值，增强企业竞争力。

第二节　多花黄精的生物学特性

一、形态学特征

多花黄精是多年生宿根草本植物，其根茎肥厚，通常连珠状或结节成块，少有近圆柱形，直径1～2cm。茎高50～100cm，通常具10～15枚叶。叶互生，椭圆形、卵状披针形至矩圆状披针形，少有稍作镰状弯曲，长10～18cm，宽2～7cm，先端尖至渐尖。花序具（1）2～7（14）花，伞形，总花梗长1～4（6）cm，花梗长0.5～1.5（3）cm；苞片微小，位于花梗中部以下，或不存在；花被黄绿色，全长18～25mm，裂片长约3mm；花丝长3～4mm，两侧扁或稍扁，具乳头状突起至具短绵毛，顶端稍膨大乃至具囊状突起，花药长3.5～4mm，子房长3～6mm，花柱长12～15mm。浆果黑色，直径约1cm，具3～9颗种子。花期5～6月，果期8～10月，见图5-2。

（2）花

（1）植株地上部分　　（3）块茎

图5-2 多花黄精

二、生长发育规律

多花黄精具有较强的适应性，多生于阴湿的山地灌木丛及林边草丛或林下，在pH6～7的沙质土壤和腐殖质土壤可较好生长。多花黄精的每年生长期一般为201～240d，可分为5个不同阶段：出苗期、伸长期、开花期、果实期和枯萎期。出苗期为24～38d，时间一般为3月中下旬至4月中下旬；伸长期为38～45d，时间一般为3月中下旬至5月初，其中从出土到展叶需要10～15d；开花期36～47d，时间一般集中在4月中下旬至5月底；果实期为116～134d，时间一般为4月底、5月初至9月中上旬，其中结果期在20～40d，时间一般集中在4月下旬至6月上旬，从开花到结果一般需要10～15d；枯萎期为75～108d，时间一般在7月下旬至11月上旬。

第三节　多花黄精繁育技术

黄精繁殖主要有种子繁殖（有性繁殖）和根茎繁殖（无性繁殖）两种方式，此外也可通过植物组织培养的方式实现良种的无性快速繁殖。

一、种子繁育

（一）种子采集

多花黄精果实为浆果，未成熟时为浅绿色，秋季成熟后变软，颜色加深至墨绿色或黑色。待果实成熟后，将其采摘堆放于阴凉通风处堆沤至果皮及外种皮开始腐烂，然后：①用清水搓洗干净，立即播种；②清洗干净，在低温（4℃）环境下，以湿度30%～35%的河沙进行沙藏催芽，待来年开春再进行播种。

（二）播种

秋播一般在12月份之前，多花黄精种子成熟并采集后即可播种；春播一般在3～4月份进行，见图5-3。

（1）未成熟的果实

（2）清洗后的种子

（3）采收的果实

（4）多花黄精实生苗

图5-3 多花黄精育苗

苗床按行距12～15cm开沟，深度3cm，将种子均匀撒入沟内，覆细土1～2cm，再用松针或木屑等覆盖。每亩播种洗净的鲜种子40kg。出苗70%后揭去盖草。半个月内每天喷水1～2次，保持土壤湿润。

（三）出苗管理

用70%遮光率的遮阳网搭建遮阳棚，棚高2.5m，四周通风；出苗后至叶面展开时第1次喷施叶面肥，以后每15d左右喷施1次，根据幼苗生长情况共追肥3～4次，肥料可采用0.2%磷酸二氢钾加0.3%尿素。

二、根茎繁育

选取根茎颜色鲜明、无病虫害，顶芽饱满无坏损的多花黄精新鲜根茎，切取带有1个以上顶芽的根茎先端，切口用1：100的波尔多液进行浸泡处理1～2s后晾干，或用草木灰涂抹伤口，作为黄精根茎种苗进行种植，见图5-4。

（1）种子繁育的多花黄精育苗　（2）多花黄精种苗（全株，春季）　（3）多花黄精种苗（根茎，秋冬季）

图5-4 多花黄精种苗

三、组织培养

植物组织培养作为一种较为成熟和先进的育苗手段，已大量应用于商业化苗木的育苗生产中。选取多花黄精地下根茎作为外植体，经消毒处理后接种入相应的培养基，依次进行诱导分化、增殖培养和生根培养，生根后45d可开始进行炼苗移栽，见图5-5。

第四节　多花黄精栽培技术

图5-5 多花黄精组培苗

一、田间栽培

（一）选地与整地

一般选择土层较厚、湿润不积水，每天日照强度稍短的山间土地为宜，如田间日照过强则需进行人工遮阳。栽植前应清理杂草，整地并施加底肥，一般以施加农家有机肥

2000～3000kg/亩为宜，将地整理为宽1～2m，高30cm左右的条垄状，疏通条垄四周渠沟，便于排水。

（二）栽培管理

栽植黄精种苗通常在春季或者秋季。在清理干净整好的林地或田间相隔间距（20cm×25cm）挖坑，在土壤中施上底肥，然后种植黄精种苗，见图5-6。

种苗栽植后，每年除草2～3次，在第3年开春后，彻底除草并追肥（有机肥），可施饼肥，每亩用量60～80kg，施后覆土盖肥。第一年可不施肥或少量追肥，采挖当年的秋季不追肥。大田栽培的环境中如阳光太强则需要适度遮阳，可搭设遮阳网或利用套种农作物进行遮阳，保持田间通风，透光率控制在30%～40%。

二、林下复合生态种植

（一）选地与整地

图5-6 多花黄精的田间栽培

土壤状况为微酸性的壤土或沙壤土，pH5.0～7.0，土质松散，易透水透气，整体的坡度15°～20°，背风的阴坡、半阴坡或山凹处的山林地，常见的主要林木树种可选择杉木林、毛竹林、油茶林及其他经济林木等，林地所处环境空气、土壤和灌溉水无污染。选择好种植地块后，人工或机械劈除林中杂灌，如种植地块中的主要林分为毛竹，则在劈除杂灌过程中，可选择性保留该毛竹林中经济价值较高的窄冠针阔叶树，并保证所保留窄冠针阔叶树的树冠投影总面积不超过林地面积的20%。在播种之前翻耕土壤，整平耕地制作畦，10月底之前要整好地，土壤需要翻的深度在20～30cm，将林中原有的枯枝、损坏的枝清理干净，保持30%～50%的透光率。种苗的种植深度控制在10～15cm。

（二）栽培管理

林下栽培时，种苗可挖穴种植，也可在林地中沿等高线每隔3m挖种植带带状种植，初植密度应保持1000株/亩以上。秋季及早春栽苗，种苗为带芽块茎，移植的时候注意芽苞要朝上，覆盖的基土要压紧实，将土层浇水至湿润。春季已出苗的多花黄精种苗种植，种苗随挖随栽。

在4～10月，根据林下杂草的生长旺盛程度，进行杂草清理1～2次。在清理杂草的同时松土，注意松土深度不宜过深，避免损伤黄精种苗的块茎和根系。为保证黄精的质量，施肥以有机肥为主。在多雨季节要注意排水，布置好排水设施，避免积水烂根。

多花黄精的花较多，花果期也较长，根据栽培与留种的需要，可在花期将花摘掉一部分，从而使更多的营养转运至地下块茎部分，保障根茎有充足的营养，促进地下根茎的生长。4月在多花黄精开花初期剪去植株顶部。剪去的植株顶部不超过植株高度的1/3。5月在多花黄精花蕾形成初期人工摘除花蕾。

毛竹林下多花黄精生态种植模式见图5-7。

图5-7 毛竹林下多花黄精生态种植模式

三、病虫害防治

预防为主、综合防治，以农业、生物、物理防治为主，辅以化学防治。目前尚无登记的对口农药，应以农业防治为主，但生产上有用农药防治的习惯（附录1）。

叶斑病：栽苗前对种植地与种苗都进行消毒；栽苗后，在雨季到来之前可用1∶100的波尔多液每7天喷洒种苗，连续喷3次。

蛴螬：即金龟子的幼虫，昼伏夜出，喜好没有腐熟的粪肥，是林下种植黄精的常见虫害，可使用物理方法和化学药剂法进行防治。物理方法：在黄精种植的林地中间隔2～3hm^{2}装置黑光灯一盏，可高效地诱杀蛴螬，降低蛴螬对黄精苗木的损伤。

第五节　多花黄精采收和加工方式

一、采收

春、秋二季采挖，一般栽植后第3至第4年秋季，植株地上部分完全枯萎时，可在无雨、无霜冻的天气采挖多花黄精根茎。

不同月份浙产多花黄精的折干率及多糖含量差异较大，以9月收获的多糖含量最高，达8.20%，总糖含量以11月最高，折干率以11月至翌年1月最高。经九蒸九晒后，多花黄精总糖含量由56.8%降至37.2%，多糖含量由7.93%降至4.82%。因此，多花黄精（浙江地区）最适采收期在9月至翌年1月。

二、加工

多花黄精的加工见图5-8。

（1）黄精（晒干）　（2）制黄精（九蒸九晒）　（3）不同炮制次数的制黄精外形

图5-8　多花黄精的加工

除去须根，洗净，置沸水中略烫或蒸至透心，干燥。在晾晒过程中反复揉搓至须根脱落，根茎呈半透明、无硬心即可。黄精的传统炮制加工工艺有蒸黄精、炙黄精、酒黄精等多种方法，最广为采用的则为“九蒸九晒”法，即将鲜黄精块茎去除根须，在蒸笼中以依靠水蒸气加热的方法蒸一日，取出晾干，晒一日再蒸，如此反复3～9次，则黄精内心现黑色，质地浊润，取出晒干或用微火烘干，制作完成的黄精颜色发黑，为熟黄精（制黄精）。

黄精多糖含量是黄精重要质量指标，而随着炮制次数的增加，多花黄精多糖含量均呈逐渐下降趋势。黄精炮制后其成分及浸出液含量的改变既有炮制过程中发生化学反应的作用，也有加入辅料炮制促进有效成分溶解的作用。目前黄精测定的指标尚不明确，单一使用黄精多糖含量作为判断其质量高低也难以代表黄精的质量。黄精的质量标准需更加全面考虑多个因素，而黄精炮制后，补益作用增强，可能与组成成分改变（包括化学结构改变、有效成分增多、各成分构成比例改变）、成分溶出度提高、氨基酸含量增多等有关，见图5-8。

三、成本及效益分析

（一）林下套种

以3年为一个采收周期，按照每亩林地2500株的密度进行定植，种茎投入大约要2250元，其他成本投入约2000元，合计成本4250元。每亩采收鲜货约1300kg，以13元/kg计算，产值16900元，每亩收益12650元，投资收益率为297.6%。

（二）大田栽培

以3年为一个采收周期，按照每亩地3500株的密度进行定植，种茎投入大约要3150元，其他成本（包括遮阳设备）投入约3000元，合计成本6150元。每亩采收鲜货2100kg，以10元/kg计算，产值21000元，每亩收益14850元，投资收益率为241.5%。

第六节　黄精质量标准及监测

来源：百合科植物多花黄精（*Polygonatum cyrtonema* Hua）与滇黄精（*Polygonatum kingianum* Coll.et Hemsl.）、黄精（*Polygonatum sibiricum* Red.）的干燥根茎。

性状：滇黄精（大黄精）呈肥厚肉质的结节块状，结节长可达10cm以上，宽3～6cm，厚2～3cm。表面淡黄色至黄棕色，具环节，有皱纹及须根痕，结节上侧茎痕呈圆盘状，圆周凹入，中部突出。质硬而韧，不易折断，断面角质，淡黄色至黄棕色。气微，味甜，嚼之有黏性。

黄精（鸡头黄精）呈结节状弯柱形，长3～10cm，直径0.5～1.5cm。结节长2～4cm，略呈圆锥形，常有分枝。表面黄白色或灰黄色，半透明，有纵皱纹，茎痕圆形，直径5～8mm。

多花黄精（姜形黄精）呈长条结节块状，长短不等，常数个块状结节相连。表面灰黄色或黄褐色，粗糙，结节上侧有突出的圆盘状茎痕，直径0.8～1.5cm。

鉴别：

（1）本品横切面　大黄精表皮细胞外壁较厚。薄壁组织间散有多数大的黏液细胞，内含草酸钙针晶束。维管束散列，大多为周木型。

鸡头黄精、姜形黄精维管束多为外韧型。

（2）取本品粉末1g，加70%乙醇20mL，加热回流1h，抽滤，滤液蒸干，残渣加水10mL使溶解，加正丁醇振摇提取2次，每次20mL，合并正丁醇液，蒸干，残渣加甲醇1mL使溶解，作为供试品溶液。另取黄精对照药材1g，同法制成对照药材溶液。照薄层色谱法（通则0502）试验，吸取上述两种溶液各10μL，分别点于同一硅胶G薄层板上，以石油醚（60～90℃）–乙酸乙酯–甲酸（5∶2∶0.1）为展开剂，展开，取出，晾干，喷以5%香草醛–硫酸溶液，在105℃加热至斑点显色清晰。供试品色谱中，在与对照药材色谱相应的位置上，显相同颜色的斑点。

（3）水分不得超过18.0%。

（4）用稀乙醇作溶剂，采用热浸法测定，浸出物不得少于45.0%。

（5）以无水葡萄糖作为标准品，用80%乙醇将本品粉末在沸水浴中加热回流抽提1h，采用分光光度法测定滤液吸光度，计算样品含糖量。本品按干燥品计算，含黄精多糖以无水葡萄糖（$C_6H_{12}O_6$）计，不得少于7.0%。

参考文献

[1] 国家药典委员会. 中华人民共和国药典（2020版）[M]. 北京：中国医药科技出版社，2015.

[2] 李策宏，朱鑫鑫. 中国植物图像库［EB/OL］. 2021. http://ppbc.iplant.cn/sp/34305.

[3] 赵文莉，赵晔，Yiider T. 黄精药理作用研究进展［J］. 中草药，2018，49（18）：4439-4445.

[4] 瞿昊宇，冯楚雄，谢梦洲，等. 不同炮制方法对黄精多糖含量的影响［J］. 湖南中医药大学学报，2015，35（12）：53-55.

[5] 陈瑞瑞，祖艳红，石丁夫，等. 多花黄精从生粉到九蒸九晒过程中多糖的变化［J］. 安徽农业科学，2019，47（18）：181-182.

[6] 张婕，金传山，吴德玲，等. 正交试验法优选黄精加压酒蒸工艺研究［J］. 安徽中医药大学学报，2014，33（01）：72-74.

[7] 范书珍，陈存武，王林. 多花黄精总皂苷的提取研究［J］. 皖西学院学报. 2005（05）：39-41.

[8] 范佐旺，柯晓燕，陈靓雯，等. 多花黄精的化学成分及药理研究进展［J］. 中医药信息，2020，37（05）：119-126.

[9] 苏文田，刘跃钧，蒋燕锋，等. 黄精产业发展现状与可持续发展的建议［J］. 中国中药杂志，2018，43（13）：2831-2835.

[10] 张从敬，陈子怡，牟欣尚，等. 黄精产业发展现状与趋势［J］. 农业科技通讯，2021（03）：10-12.

[11] 易思荣，全健，李品明，等. 初步分析中药材黄精生产发展面临的问题及对策［J］. 中华中医药杂志，2017，32（11）：5007-5010.

[12] 中国科学院中国植物志编辑委员会. 中国植物志（第15卷）[M]. 北京：科学出版社，1978.

[13] 陈芳软. 不同生境条件下多花黄精生长特征及光合特性研究［D］. 福州：福建农林大学，2013.

[14] 蒋燕锋，刘跃钧，蓝云龙，等. 不同种源多花黄精生物生态特性研究［J］. 中国现代中药，2016，18（12）：1616-1620.

[15] DB 36/T 1270—2020，多花黄精规范化种植技术规程［S］.

[16] 张宝珠. 多花黄精大田栽培技术初探［J］. 农村实用技术，2020（05）：45.

[17] 钟建军，严志伟，吴友军. 林下种植多花黄精的技术要点和操作流程［J］. 种子科技，2019，37（07）：69-70.

[18] 姜武，王声淼，叶传盛，等. 浙产多花黄精最适采收期及初加工试验［J］. 浙江农业科学，2020，61（04）：697-701.

[19] 瞿昊宇，冯楚雄，谢梦洲，等. 不同炮制方法对黄精多糖含量的影响［J］. 湖南中医药大学学报，2015，35（12）：53-55.

第六章　重楼

第一节　重楼概况

一、重楼植物来源

重楼以“蚤休”之名首载于《神农本草经》，被列为下品，主惊痫，摇头弄舌，热气在腹中，癫疾，痈疮，阴蚀，下三虫，去蛇毒。《滇南本草》中记载：“重楼一名紫河车，一名独脚莲。味辛、苦，性微寒。”首次出现了“重楼”药名；《本草纲目》中记载：“重楼金线处处有之，生于深山阴湿之地。”重楼的产区变迁《名医别录》始载重楼产地“生山阳川谷及冤句”，山阳位于现在的河南省，冤句位于现在的山东省。《本草图经》中记载“蚤休”在河中、河阳、华、凤、文州、江淮及间亦有之，分别是现在的山西永济市、河南焦作市、陕西华县、陕西凤县、甘肃文县，主要分布在秦岭和江淮之间，明代《滇南本草》记载重楼产地增加了云南，《本草品汇精要》以安徽滁州为道地。清朝时期，重楼的产地记载则仅包括长江及以南地区，如江西省、湖南省、云南省和广西，以及越南北部，可见此时重楼的产地已经转移到了长江以南。近现代，重楼的产地以云南省为主。所以，古代本草中对重楼产区的记载是一个由北向南逐渐转移的过程。重楼指百合科重楼属多年生草本植物，以云南、四川、贵州、福建等地的种类和资源最为丰富，主要有滇重楼［*Paris polyphylla* Smith. var. *yunnanensis*（Franch.）Hand.–Mazz］、七叶一枝花［*Paris polyphylla* Smith var. *chinensis*（Franch.）Hara］、华重楼［*P. polyphylla Sm.* var. *chinensis*（Franch.）Hara］、狭叶重楼（*P.polyphylla Sm.* var. *stenophylla* Franch.）、花叶重楼（*P. marmorata* Stearn）等多个品种。

重楼作为传统中药材，药用历史悠久，一直以根茎入药，具有清热解毒、消肿止疼、凉肝定惊的功效。《中华人民共和国药典》（以下简称《中国药典》）2020版收载的品种为滇重楼和七叶一枝花。由于其植物形态独特，都是一株植物一枝茎，茎上只长一轮叶，达生育年龄植株再在叶顶抽出一轮叶状萼片，形始楼如重叠，故称之为重楼。又因本属植物轮生叶为七片（一般3～9片），在轮生叶顶着生黄绿色花一朵，故又称七叶一枝花。其中市场多以滇重楼和华重楼最为常见，也是《中国药典》（2020版）收载的两种重楼基源植物，见图6-1。

（1）滇重楼 （2）华重楼

图6-1 重楼

二、重楼资源分布

重楼约有10种（有些作者根据不同性状细分为20种以上），分布于欧洲和亚洲温带和亚热带地区。我国有7种和8个变种。主要分布于我国长江流域和云南、贵州、四川等地，不丹、锡金、尼泊尔和越南也有分布。

滇重楼，主要分布于云南。福建、湖北、湖南、广西、四川、贵州也有分布。生于海拔1400～3600m的林下或路边。

华重楼产于江苏、浙江、江西、福建、台湾、湖北、湖南、广东、广西、四川、贵州和云南。生于林下荫处或沟谷边的草丛中，海拔600～2000m。

三、重楼成分及功效

重楼的化学成分有甾体皂苷类、胆甾烷醇类、C_{21}甾体化合物、植物甾醇类、植物蜕皮激素类、黄酮类、三萜类、脂肪酸类、多糖、氨基酸类和微量元素等多种化学成分。其中，甾体皂苷是重楼的主要活性成分，并且已从该属种中分离鉴定出160个甾体皂苷，约占总化合物的80%。其苷元主要为异螺甾烷醇类的薯蓣皂苷元及偏诺皂苷元。按照《中国药典》（2020版）收载的重楼药材的质量标准，即重楼皂苷Ⅰ、Ⅱ、Ⅵ、Ⅶ的总百分含量>0.6%。重楼苦，微寒，有小毒，归肝经，具有清热解毒，消肿止痛，凉肝定惊的功效，用于疔疮痈肿，咽喉肿痛，蛇虫咬伤，跌扑伤痛，惊风抽搐等症。

重楼药用价值突出，以根茎入药，传统医药认为其具有清热解毒、消肿止疼、息风定惊、平喘止咳等作用，特别是对蛇虫咬伤、疔疮痈肿疗效显著。重楼除了是我国汉医药中常用的中药材，也是藏族、傣族、维吾尔族、蒙古族等民族医药中常用的民族药，目前是我国著名的云南白药、宫血宁胶囊、季德胜蛇药等中成药的主要原料。现代药理研究表明，重楼主要活性成分为甾体皂苷，具有抗肿瘤、抗菌、止血、免疫调节、镇静、镇痛等活性。

四、重楼的产业现状及发展趋势

（一）产业现状及前景

重楼在我国的应用历史悠久，历来以野生资源提供药用，近年来随着重楼价格的逐步上扬，可观的经济效益驱动农民大量采挖，导致重楼野生资源逐步减少。虽然人工繁育发展迅猛，但其生长周期长，一般需要8～10年才能入药。重楼是众多中成药及方剂的主要原料，据不完全统计，在我国中成药与方剂中，以重楼为主要原料的超过100多种，应用极为广泛，市场需求增长稳定。其中较为主要的有云南白药、宫血宁胶囊、楼莲胶囊等。但中成药领域使用的重楼主要是纳入《中国药典》（2020版）的道地品种，目前我国使用重楼作为产品原料的中药企业有100多家，以重楼为主要原料的中成药有40余种。

2014年我国重楼需求量1220t，每年需求量以10%左右增长，到2020年增长到了近2000t。我国野生重楼采挖量在120t，而家种采挖量大约540t，其余都依靠进口。近几年，国内重楼需求量快速增长，野生资源的供给缩减，种植供给量增长虽然相对较快，但依然不能很好地满足市场需求，价格迅速增长，从2012年的330元/kg，增长到了2021年的1500元/kg左右。国内重楼行业市场规模随着重楼价格快速增长，规模迅猛发展，重楼市场规模从2014年的8.91亿元增长到了2020年的近42亿元。

（二）产业发展主要问题

重楼种植区域主要在云、贵、川等地山区，这些地区也是我国相对集中连片的贫困地区，贫困程度深、交通相对闭塞。重楼种植经济效益高，滇重楼被当地政府当作产业扶贫手段大力发展，近几年云南与四川滇重楼的种植面积迅速增长，从其生长周期来看，2021年前后将逐步迎来种植重楼产量迅速增长的时期，预计未来供给将迅速增长。

重楼近年来市场需求加大，市场始终处在供不应求的局面，再加上我国重楼人工种植处于种子繁育阶段，重楼种植周期比较长，短时间很难有大量商品供应市场，所以这几年重楼价格节节攀升。再加上农民采挖野生重楼积极性高涨，导致野生资源枯竭。虽然稳定的增长需求以及正品对习用品与进口产品替代效果使得重楼供需有望保持平衡，但市场价格下降的风险在逐步上升。

由于重楼种植周期较长，产量的增长受到了较大限制，种植技术水平提升是重楼供给能力增长的重要因素。目前重楼主要依靠种子直接播种，或是种子育苗之后移栽实现规模种植，虽然种植面积扩大较快，但由于种植周期长，产量增长相对缓慢，块茎栽种技术出现后，种植周期有所缩短，产量也有一定的提升，此外林下栽培技术，病虫害防治技术也是行业产量提升重要助力。采用根茎繁殖相对较快，但易致不同品种混种，导致药材品质有所差异。

此外重楼种植的标准化程度也需要持续提升，重楼属植物种类繁多，化学成分复杂，传统的种植繁育方式已经不能很好地满足现代中药的发展。作为滇重楼需求最大的企业之一云南白药也开始自建符合良好农业规范（GAP）的重楼种植基地。

同时标准化程度提升也有利于重楼的利用向更高附加值领域扩展。近年来，国内外研究人员对重楼抗肿瘤的作用认识程度持续提升，国内外研究人员着眼于重楼的有效成分、生理活性和独特的药用价值，已发现重楼的主要有效成分甾体皂苷的苷元不同、糖基不同，其药理活性也有所差异，采用现代分子药理学及分子生物学方法，提取筛选其有效成分，开发出新的抗肿瘤药物，是今后研究的重要课题。而只有高度标准化，才能满足未来抗肿瘤药物的研发。

五、华重楼生物学特性

（一）形态学特征

植株高35～100cm，无毛；根茎粗厚，直径达1～2.5cm，外面棕褐色，密生多数环节和许多须根。茎通常带紫红色，直径1～1.5cm，基部有灰白色干膜质的鞘1～3枚。叶5～8枚轮生，通常7枚，倒卵状披针形、矩圆状披针形或倒披针形，基部通常楔形。内轮花被片狭条形，通常中部以上变宽，宽1～1.5mm，长1.5～3.5cm，长为外轮的1/3至近等长或稍超过；雄蕊8～10枚，花药长1.2～1.5（2）cm，长为花丝的3～4倍，药隔突出部分长1～1.5（2）mm。子房近球形，具棱，顶端具一盘状花柱基，花柱粗短，具（4）5分枝。蒴果紫色，直径1.5～2.5cm，3～6瓣裂开。种子多数，具鲜红色多浆汁的外种皮。花期5～7月，果期8～10月。

华重楼种子、果实、植株、块茎外形见图6–2。

（二）适生环境

华重楼喜阴凉、水分适宜的环境，一般生长在山谷、阔叶林下、灌木丛、溪边及岩石旁，对光照以及土壤条件要求较高，喜散射或者斜射光，在含水量适中、排水良好的沙质或者腐殖质土中长势良好。

（三）生长发育规律

华重楼为多年生草本植物，茎叶每年倒苗。具有越冬期比较长、营养生长期较短、生殖生长期较长的特点。一般10月中、下旬倒苗后即进入越冬，到翌年3月萌动，1个月后从台叶盘上抽苔开花。从5月开花到10月种子成熟的生殖生长期长达5个多月。

（1）种子　（2）果实　（3）植株　（4）块茎

图6-2 华重楼

第二节　华重楼种苗繁育技术

目前华重楼种苗的繁育多以种子繁殖为主，亦有根茎繁殖。

一、种子繁殖

成本相对较低，但种子存在二次休眠特性，在自然条件下需经过2个冬季才能萌发。

当蒴果出现裂开，露出鲜红色浆果时采收。搓除种皮，再用清水漂洗、晾干、沙藏，当种子胚根萌发后直播育苗。每年的3～4月，当种子胚根萌发后育苗。采用条播，按行距15cm挖沟，沟深6cm，按株距5cm将处理好的种子均匀播入沟内，然后覆盖厚1.5cm、比例为1∶1的腐殖土、草木灰和稻草等，浇透水，并加盖地膜，保持湿润。

二、根茎繁殖

当地上茎枯萎后，选择健壮、无病虫害、完整无损的根茎按垂直于根茎主轴方向，切取大小均匀，重量5～10g、长2～3cm且有芽苞的根茎作种（图6-3），或按根茎的芽残茎、芽痕特征，切成小段，每段至少带1个芽痕，即可直接用于种植或用于育苗。

图6-3 滇重楼根茎切块繁育

第三节　华重楼种苗生产技术

一、大田栽培模式

种子繁育出来的种苗生长缓慢，3年后华重楼苗形成明显根茎时方可进行移栽。移栽时间9月中旬至翌年3月上旬。定植密度每亩6000～8000株。移栽方法：在畦面横向开沟，沟深5cm，宽10cm，根据种植规格放置种苗，一定要将顶芽尖向上放置，用开第2沟的土覆盖畦面，厚度以不露土为宜，起到保温、保湿和防杂草的作用，然后搭遮阳网遮阳。栽后浇透1次定根水，以后根据土壤湿度浇水，保持土壤湿润，见图6-4。

二、林下仿生栽培模式

通过大田遮阳的模式种植存在投资大、管理成本高等缺点。利用经济林天然的遮阳优势进行林下套种重楼，对推动林下经济发展，实现兴林富民、提高经济效益和生态效益，保护环境具有重要的意义，见图6-5。

（一）适宜林地选择

华重楼林下生态种植有多种经济林可选择，比如毛竹林、杉木林、老油茶林等，要求郁闭度60%～80%，坡度<25°，已采取垦复、抚育等较高强度经营管理措施的林

图6-4 华重楼大田育苗

（1）杉木林下　　（2）老油茶林下

图6-5 华重楼林下仿生栽培

地。林地要求排涝较好，含腐殖质丰富的酸性土壤、沙质壤土。除此之外，套种林地应无严重病虫害，林下便于耕作。

（二）种植前准备

1. 清理林地

对毛竹林、杉木林、老油茶林等林分进行间伐，按照“砍小留大、砍密留疏、砍劣留优、照顾均匀”的原则砍去过密林木，间伐之后林分郁闭度控制为0.6～0.8，以利于光照。然后劈除林下的灌木杂草，清除石块等杂物。

2. 整地施基肥

林地清理结束后，根据林地坡度大小进行全垦或带状整地，因重楼是浅根性植物，整地深度在20cm左右即可。结合整地，施充分腐熟的农家肥30～45t/hm^2，浅锄入土，再将土和肥料充分拌匀，把土整细耙平，筑1.5m左右宽度的畦，并开好排水沟。

（三）栽植方法

1. 种苗选择

华重楼繁殖主要有种子和块根两种繁殖方式。由于种子休眠期较长，一般需2年出苗，育苗时间跨度长，用种子繁殖方式培育苗木一般适用于大规模种植；小规模种植多采用块茎切割无性繁殖，在苗圃地培育2～3年后用于林下种植。华重楼属多年生草本植物，每年冬季植株枯落，翌年2月长出新苗，栽植时应选择生长健壮、带有块根和须根的苗木进行栽植。

2. 种植时间

华重楼实生苗适宜在春季3～4月种植，应选择阴天或午后阳光弱时进行栽植。

3. 种植方法

首先在畦面上依照30cm×35cm的株行距挖穴，穴深6～8cm、定植密度要求每亩2000～4000株。然后把华重楼种苗植入穴内，栽植时将种苗根系舒展开，因种苗较细嫩，覆土时注意不要用力过猛，并与畦面持平，栽好后浇1次定根水。

（四）林间管理

1. 适度遮阳

华重楼生长过程中忌强直光照射，当树林内有较大天窗时，就要加盖遮阳网，一般遮阳度控制在60%左右；没有条件的地方也可采用插树枝的方法遮阳。

2. 中耕除草

华重楼种植后应做到勤除草，防止因杂草争夺养分引起生长不良。由于重楼根系较浅，生长过程中要求疏松的土壤，因而松土除草时需特别小心，宜浅松土，否则容易伤及根系。

3. 浇水排水

华重楼栽植后应视天气情况再浇水2～3次，生长季节要注意控制土壤的水分，雨季应尽快疏沟排水，避免出现积水，否则容易引起烂根，若遇干旱天气，要结合土壤的湿润程度和植株长势进行浇灌。

4. 合理追肥

华重楼具有植株开花时地下块茎便会膨大的生长特点，通常花期在5～8月，此时是华重楼块茎的快速生长期，为保证华重楼生长所需的养分，需在6月上旬施充分腐熟的牛羊厩肥30～45t/hm^2，再进行培土覆盖；或浇施速效性的力亨水溶肥75kg/hm^{2}及适量的三元复合肥，水溶肥采用挖环状沟或者施肥枪的方式施肥。另外，还可以适时喷施根大灵，以加速叶面光合作用产物向根部运输，促进根茎快速膨大，增大有效物质含量。

（五）病虫害防治

华重楼主要病害为茎腐病、叶斑病及灰霉病等；主要虫害为蛴螬、地老虎、地鼠等害虫。目前没有登记的对口农药，应以农业防治为主，清洁田园，合理施肥，拔除病株等，但生产上有用农药防治的习惯（附录1）。

1. 茎腐病

发病初期，叶片、茎基出现水渍状小斑，病斑扩大后，叶尖失水下垂，造成根茎部组织腐烂、倒苗；该病多发生在高温多雨季节。防治方法：冬季植株倒苗后清除枯枝、病叶，并将其集中销毁，见图6-6。

图6-6 重楼茎腐病

2. 叶斑病

主要是叶片受害，低洼积水处、通风不良、光照不足、肥水不当等容易发病。防治方法：及时清除严重病叶并集中处理，注意通风排水，见图6-7。

图6-7 重楼叶斑病

3. 灰霉病

主要危害华重楼叶片、花蕾及茎秆，病害发生初期呈水渍状斑块，随着病斑的逐渐扩大，后期病部产生灰色霉层。防治方法：注意排水和降低湿度，及时清除病残体，增施有机肥，提高植株抗病能力。

4. 地下害虫

地下害虫主要有地老虎、蝼蛄等，其在华重楼出苗时咬食危害，咬断植株的根部和嫩苗茎基部，使之呈不规则的凹洞或倒伏。防治方法：可利用害虫趋性使用黑光灯诱杀和人工捕杀，也可用少量樟脑粉兑水喷雾驱赶。

5. 地上害虫

地上害虫主要有金龟子、蓟马类等。金龟子幼虫咬食块茎，成虫危害叶片。防治方法：夜间用火把诱捕成虫。蓟马类主要有花蓟马、瓜蓟马等，不仅危害叶片及花蕾，还会传播病原菌，对重楼的生长和产量影响较大。防治方法：及时清除畦面杂草和枯枝残叶，利用蓝板诱杀成虫。

第四节　重楼采收和加工方式

一、采收

3年生种苗种植的重楼一般在4年后采收（植株年龄达到7年生以上）。采收时间一般在11月倒苗后萌芽前挖取，此时重楼块茎大部分生长于表土层，采挖较方便。采挖前清除枯枝落叶，再用锄头从植株侧面开挖，可以更好地保证块茎的完整，挖好后抖去泥沙及杂质，运至室内摊开待处理。芽头好、根系发达、个头较小的块茎可收贮作为下年用种。

二、加工

将收回的茎块分级过筛，去掉须根，用水洗净，可以晾晒或者阴干，若遇连续雨天，可在50～60℃烘房内烘干，粗大的块茎也可趁鲜切片后再晒干或烘干保存。

三、成本及效益分析

（一）大棚种植成本与效益分析

成本34000元，其中3年生苗木2元/株×6000株/亩=12000元/亩，肥料费2000元/（亩·年）×4年=8000元/亩，药剂费1000元/（亩·年）×4年=4000元/亩，种植、除草、施肥等人工费用2500元/（亩·年）×4年=10000元/亩。

产出：1000千克/亩×200元/千克=200000元。

每年实际收益=（200000-34000）/4=41500元。

（二）林下种植成本与效益分析

成本22000元，其中3年生苗木2元/株×3000株/亩=6000元/亩，肥料费1000元/（亩·年）×4年=4000元/亩，药剂费500元/（亩·年）×4年=2000元/亩，种植、除草、施肥等人工费用2500元/（亩·年）×4年=10000元/亩。

产出：500千克/亩×200元/千克=100000元。

每年实际收益=（100000-22000）/4=19500元。

第五节　重楼质量标准及监测

来源：秋季采挖，除去须根，洗净，晒干。

性状：本品呈结节状扁圆柱形，略弯曲，长5～12cm，直径1.0～4.5cm。表面黄棕色或灰棕色，外皮脱落处呈白色；密具层状突起的粗环纹，一面结节明显，结节上具椭圆形凹陷茎痕，另一面有疏生的须根或疣状须根痕。顶端具鳞叶和茎的残基。质坚实，断面平坦，白色至浅棕色，粉性或角质。气微，味微苦、麻。

鉴别：

（1）外观　本品粉末白色。淀粉粒甚多，类圆形、长椭圆形或肾形，直径3～18μm。草酸钙针晶成束或散在，长80～250μm。梯纹导管及网纹导管直径10～25μm。

（2）溶液　取本品粉末0.5g，加乙醇10mL，加热回流30min，滤过，滤液作为供试品溶液。另取重楼对照药材0.5g，同法制成对照药材溶液。照薄层色谱法［《中国药典》（2020版）四部通则0502］试验，吸取供试品溶液和对照药材溶液各5μL及〔含量测定〕项下对照品溶液10μL，分别点于同一硅胶G薄层板上，以三氯甲烷-甲醇-水（15∶5∶1）的下层溶液为展开剂，展开，取出，晾干，喷以10%硫酸乙醇溶液，在105℃加热至斑点显色清晰，分别置日光和紫外光灯（365nm）下检视。供试品色谱中，在与对照药材色谱和对照品色谱相应的位置上，显相同颜色的斑点或荧光斑点。

检查：

（1）水分　不得过12.0%（通则0832第二法）。

（2）灰分　不得过6.0%（通则2302）；酸不溶性灰分不得过3.0%（通则2302）。

含量测定：按干燥品计算，含重楼皂苷Ⅰ、重楼皂苷Ⅱ和重楼皂苷Ⅶ的总量不得少于0.60%。

参考文献

［1］李恒. 重楼属植物［M］. 北京：科学出版社，1998.

［2］国家药典委员会. 中华人民共和国药典（一部）（2020版）［M］. 北京：中国医药科技出版社，2020.

［3］中国科学院中国植物志编辑委员会. 中国植物志［M］. 北京：科学出版社，1978.

［4］Wei JC, Gao WY, Yan XD, et al. Chemical constituents of Plants from the genus *paris* [J]. Chemistry & Biodiversity, 2014，11 (9)：1277–1297.

［5］Kang LP , Huang YY , Zhan ZL , et al. Structural characterization and discrimination of the *Paris polyphylla* var. *yunnanensis* and *Paris vietnamensis* based on metabolite profiling analysis [J]. Journal of Pharmaceutical & Biomedical Analysis, 2017, 142：252–267.

［6］李时珍. 本草纲目［M］. 北京：人民卫生出版社，1977.

［7］王跃虎，牛红梅，张兆云，等. 重楼属植物的药用价值及其化学物质基础［J］. 中国中药杂志，2015，40（5）：833–839.

［8］赵飞亚，陶爱恩，夏从龙. 基于国内专利结合资源、应用与开发现状的重楼发展策略探讨［J］. 中国中药杂志，2018，43（2）：404 – 409.

［9］朱兆云. 云南天然药物图鉴［M］. 昆明：云南科技出版社，2007.

［10］王磊，宋延平，仲光勇，等. 七叶一枝花对H_{22}荷瘤小鼠实体瘤生长及生存时间的影响［J］. 甘肃中医药大学学报，2017，34（1）：14–17.

［11］丁立帅，赵猛，李燕敏，等. 七叶一枝花和滇重楼提取物的制备、表征及其体外溶血作用分析［J］. 中国实验方剂学杂志，2017，23（21）：7–12.

［12］刘志雄，刘祝祥，田启建. 七叶一枝花挥发油成分及其抑菌活性分析［J］. 中药材，2014，37（4）：612–616.

第七章 乌药

第一节 乌药概况

一、乌药植物来源

乌药［*Lindera aggregata*（Sims）Kosterm.］为樟科、山胡椒属植物。浙江别名有台乌药、铜钱树、铜钿树、香叶子、斑皮柴、撩头柴、鳑魮柴、铜钱柴、铜钱柴根、香柴、乌药儿等；广东别名有细叶樟、雷公树、猫药、金狗仔、敛桂树、白衣树根、白叶子树、鲫鱼胆、老贼骨、樟桂树、千金树、土玉桂、台药等；广西别名有台乌药、樟拐、鸡骨香、吹风散、上青下白、坡樟木等。

二、乌药资源分布

乌药主要分布于我国浙江、湖南、安徽、广东及广西，在江苏、江西、福建、湖北、湖南、陕西、四川、河南、云南、台湾等省以及菲律宾、日本等国也有分布。浙江天台为乌药的道地产区，被称为"台乌药"。由浙江红石梁集团天台山乌药有限公司承担的第九批国家农业综合标准化示范项目"国家乌药种植与加工综合标准化示范区项目"，通过了国家验收，达到优秀等级。天台县被评定为"中国乌药之乡"。"天台乌药"入选新"浙八味"培育品种，获国家工商总局中国地理标志证明商标，国家质检总局批准对"天台乌药"实施原产地域产品保护。

三、乌药成分及功效

乌药的主要成分为挥发油、呋喃倍半萜及其内酯和异喹啉生物碱三大类，《中国药典》中规定以乌药醚内酯、去甲异波尔定作为乌药含量测定的指标性成分，具有较强的专属性。乌药的根、叶、果皮及种子均含挥发油，杜志谦等对乌药的挥发油进行了GC–MS分析，确定挥发油的化学成分有25种，分别为α–蒎烯、莰烯、β–蒎烯、α–菲兰烯、柠檬烯、β–菲兰烯、β–萜品醇、樟脑、烯莰醇、龙脑、β–桉醇、α–萜品醇、乌药醚、异黄樟脑、醋酸龙脑酯、异吉马呋内酯、异呋吉马烯、香樟烯、乌药烯、新乌药内酯、乌药酸、乌药酮、乌药醇、乌药内酯和醋酸乌药酯。乌药呋喃倍半萜组分中，以乌药醚内酯和乌药内酯含量较高，在乌药水煎液中能够检出的呋喃倍半萜类成分主要为这两种化学物，乌药叶中含有少量的乌药内酯和乌药醚内酯。除呋喃倍半萜类成分外，乌药中尚含有去氢香樟内酯、香樟内酯、羟基香樟内酯、异吉马呋内酯、羟基异吉马呋内酯以及双香樟内酯等倍半萜内酯类化合物，陈惠研究乌药块根醇提物化学成分，确定了其中15个化合物的化学结构。乌药中生物碱以异喹啉生物碱为主，主要为新木姜子碱，波尔定碱和牛心果碱含量较少，最新研究利用光谱等方法分离出一种新型的双苄基异喹啉生物碱。肖梅等从乌药叶中分离得到8个黄酮类化合物，分别为槲皮素–3–*O*–L–鼠李糖苷、山柰酚–3–*O*–L–鼠李糖苷、山柰酚、二氢山柰酚–3–*O*–L–鼠李糖苷、槲皮素、槲皮素–3–*O*–*α*–D–呋喃阿拉伯糖苷、槲皮素–3–*O*–*α*–D–吡喃葡萄糖苷、山柰酚–3–*O*–D–吡喃葡萄糖苷。

乌药味辛，性温，归肺、脾、肾、膀胱经，具有行气止痛、温肾散寒等功效。用于治疗寒凝气滞、胸腹胀痛、气逆喘急、膀胱虚冷、遗尿尿频、疝气疼痛、经寒腹痛等症。现代药理学研究表明，乌药不仅具有抗菌、抗病毒、抗炎镇痛、抗肿瘤、抗氧化等药理活性，还对消化系统、泌尿系统、心血管系统以及中枢神经系统等方面有显著的调节作用，对糖尿病肾病、肝损伤、痛经等具有保护作用。乌药现代临床应用的研究，主要集中在天台乌药散、四磨汤、暖肝煎、百合乌药汤、乌药汤、缩泉丸等复方的应用方面。

四、乌药产业现状及发展趋势

（一）产业现状和前景

野生乌药一般生长在人迹罕至的灌木林中，生长周期长，自然产量少。随着近几年乌药研究的快速发展，促使乌药被无序采挖，加之药材的采收都是以整株植物的死亡为代价，野生资源已濒临枯竭。

浙江是全国乌药的主产区之一，以产于浙江天台者品质最佳，有“天台乌药”或“台乌药”之称。浙江红石梁集团天台山乌药有限公司国家乌药种植与加工综合标准化示范区项目的顺利完成，为乌药产业提升发展注入了新动能，加速乌药向基地化种植发展。2005年天台乌药通过国家原产地域保护（现为地理标志产品）。

随着我国中药现代化不断推进，乌药的开发利用研究领域得到了拓展，突破了传统意义上的药用价值利用，向现代中药保健产业发展。浙江的红石梁集团天台山乌药有限公司利用乌药块根复方成功研制了具有缓解体力疲劳、增强免疫力，以及对化学性肝损伤辅助保护等功能的中药类保健食品；乌药叶被纳入了国家新资源食品目录，实现了乌药全株资源化利用；目前乌药应用领域日趋广泛，市场需求在不断扩大。

（二）产业主要问题

产业化利用率低：目前，市场上乌药产品主要还停留在初加工产品，技术含量低、附加值不高；乌药深加工产品主要集中在浙江销售，并未充分开拓市场。初加工产品和深加工产品产业化不足，产学研合作有待加强。

创新开发不足：乌药作为中药的研究，基本都是根据复方进行加减，还停留在组方原功能的研究；单味药材的成分研究较多，成分提取及开发利用方面的研究较少，研究创新性不足。

种植周期长、风险大：乌药是多年生木本植物，野生乌药采种子育种2～3年后进行移栽种植，种植6～8年后可开始采收块根，整个种植周期长达8～10年，且乌药结块根率低，人工种植存在周期长、难度大、风险高的缺点。

五、乌药生物学特性

（一）形态学特征

乌药系常绿灌木或小乔木，高可达5m，胸径4cm；树皮灰褐色；根有纺锤状或结节状膨胀，一般长3.5～8cm，直径0.7～2.5cm，外面棕黄色至棕黑色，表面有细皱纹。顶芽长椭圆形。叶互生，卵形、椭圆形至近圆形，通常长2.7~5cm，宽1.5～4cm，有时可长达7cm，先端长渐尖或尾尖，基部圆形，革质或有时近革质，上面绿色，有光泽，下面苍白色。伞形花序腋生，无总梗，常6~8花序集生于一个1~2mm长的短枝上，每花序有一苞片，一般有花7朵；花被片6，近等长，外面被白色柔毛，内面无毛，黄色或黄绿色，偶有外乳白内紫红色；花梗长约0.4mm，被柔毛。雄花花被片长约4mm，宽约2mm；雄蕊长3～4mm，花丝被疏柔毛，第三轮的有两宽肾形具柄腺体，着生花丝基部，有时第二轮的也有腺体1~2枚；退化雌蕊为坛状。雌花花被片长约2.5mm，宽约2mm，退化雄蕊长条片状，被疏柔毛，长约1.5mm，第三轮基部着生2具柄腺体；子房椭圆形，长约1.5mm，被褐色短柔毛，柱头头状。果卵形或有时近圆形，长0.6～1cm，直径4～7mm。花期3～4月，果期5～11月，见图7–1。

（3）抽枝

（4）出苗

（1）开花　（2）结果　（5）现蕾

图7–1 乌药生长过程

（二）适生环境

乌药主要分布在海拔300～600m的灌木林中或林缘以及山麓、旷野、蒿草丛中；喜土壤疏松肥沃，年平均气温为12.2℃，土壤为黄壤土以及红黄壤土，呈微酸性（pH 4.8～6.3），平均有机质含量5.87%，全氮0.293%，速效磷6mg/L，速效钾126mg/L。

（三）生长发育规律

乌药生长缓慢，乌药生长期在5月初至10月初，尤其是8月，此期光热条件好，气温高，生长最快，而在10月中旬至3月份的冬季，气温低，生长基本停止。一年生苗平均7.96cm高，最高15cm，11月中旬后，部分植株根开始膨大。二年生苗株高平均28.4cm，最高41cm，块根鲜重平均0.69g。二年生苗移栽后的二、三年地下块根形成初期，生长缓慢，四年后则迅速增长。

第二节　乌药种苗繁育技术

目前，乌药的繁育方法有种子繁育、嫩枝扦插繁育、离体组织培养繁育。

种子繁育是目前主要的种苗繁育方法，野生乌药种子经过优选、驯化作为种苗母本，可以提高植株的有效结块根率。

一、采种留存

乌药在全国分布较广，各地别名也是五花八门，不能只根据名称盲目挑选种源，必须选用适合当地栽培环境并经鉴定确认为樟科山胡椒属植物的乌药种源。留种株应选块根生长良好、粗壮的植株。

当年10中下旬到11月上旬，采收转黑、饱满、成熟的种子，用流水法剔除变质及不饱满的种子。挑选千粒重为（80±4）g的种子，用0.3%的高锰酸钾浸种消毒30min，晾干。种子采用湿沙贮藏，种子、湿沙按1∶10的比例混合拌匀后，用筛网袋装袋，每袋5kg左右，室外沙埋50cm以下，或直接挖坑（穴）埋土下，上盖5～10cm的土层保存。当年2月底至3月上旬，种子多数开口露白（图7-2）时取出播种。

二、苗圃选择、整地、施基肥

育苗地应选在海拔100m以上，避风、向阳、土质疏松、有机质丰富、排水良好的红壤土或黄壤土的地方。

育苗地选好后，应在年前翻土冻化。整地要做到深耕细整，包括翻耕、耙地、平整、镇压。育苗地前茬是农作物的，先浅耕灭茬再整地。结合整地，每亩施入腐熟栏肥1000kg或腐熟饼肥250kg，或复合肥50kg，将肥料翻拌入土层并整平畦面。整地后

图7-2 种子湿沙贮藏后破口露白

分畦做床，床宽1.5m（净床面宽1.2m，步道宽0.3m）、床高20cm，苗床做成龟背状，利于排水，见图7-3。

（1）做苗床

（2）施肥

（3）整地

图7-3 深耕流程

三、播种

惊蛰前后种子少部分发芽时取出播种，播种方式有条播和撒播两种形式（图7-4），每亩播种量为5～6kg。

条播：在整平的苗床上用15cm宽的木板压出播种沟，深2cm，种沟间距20cm。将种子均匀地播在沟内，播种后盖土，厚度2～3cm，以不见种子为度，并稍加镇压。

撒播：苗床整平后，将种子均匀撒在苗床上，保持种子间有一定的间距。为了防

（1）撒播

（2）条播

图7-4 播种

止阳光直晒种子，影响芽的生长，应立即进行覆土。

条播和撒播，覆土后均需覆盖3～4cm长的短稻草，或撒入锯末屑，以保持土壤湿润、土质松软，同时要捡拾畦面上的草株、树根等残留物，便于出苗。

四、田间管理

种子播种后，一般在立夏前后陆续出苗，此时应加强苗床管理，培育壮苗。

（一）覆盖遮阳网

乌药一年生苗较嫩弱，应避免阳光直射。6月上中旬，可用50%～70%遮阳率的遮阳网进行遮阳，一是采用平铺法，即在苗圃地上，打上高2m的木桩，拉上铁丝，上盖遮阳网，系紧拉平。二是采用小拱形法，即在畦面上每隔70cm插一竹弓，上盖2m宽的遮阳网，四周用泥土压住（图7-5）。两种遮阳法，前者更有利于人在苗床中管理操作。到9月份，阳光不再猛烈，可选阴天或下雨天，揭去遮阳网。两年生苗无需覆盖遮阳网。

图7-5 覆盖遮阳网

（二）除草

采用人工除草，掌握除早、除小的原则。幼苗萌芽后及时拔除杂草，拔草时要十分小心，以防拔出杂草带出苗。乌药苗生长缓慢，特别是一年生苗，苗地空隙多，易生杂草，应及时人工拔除（图7-6）。并对幼苗进行追肥，每2个月进行一次，至9月除去遮阳网炼苗。

（三）水分管理

苗圃地土壤发白时要及时浇水或灌水，浇水、灌水宜选择早上或傍晚进行。多雨季节要做好清沟，及时排水，尤其是在出苗和幼苗时期，防止圃地积水。

图7-6 人工除草

（四）间苗、定苗

按株行距5～10cm进行间苗和定苗。拔除生长过密、生长不良和受伤、感染病虫害的幼苗，对过于稀疏地段进行补栽。间苗和补栽选择阴雨天进行。

五、起苗分拣

播种育苗2年后的3月份，选阴天进行起苗，用四齿耙挖起苗，抖落泥土，然后进行分捡，剔除无块根（直根）苗，有块根苗和疑似块根苗均可用作种苗，截枝干后留15～20cm高度或保留70%枝叶，见图7-7，图7-8。

图7-7 起苗分拣

（1）无块根　　（2）有块根

图7-8 种苗结块根情况

六、种苗出圃、包装

应选择生长健壮、长度适中、根系膨大、无检疫性病虫的乌药种苗，苗高20cm以上、地径0.3cm以上。每50～100株为一捆，放入铺有湿稻草的草束中央，将苗的整个根系和主干包住，然后捆紧，包装过程中，不能使根系干燥，以免影响成活率。

第三节　乌药种植技术

人工栽培乌药建议选择海拔200～800m向阳坡地、山谷或疏林下，坡度小于25°，土壤选择pH在4.7～5.3，有机质含量丰富，氮、磷、钾含量一般，钙、硼含量较高的红壤土或红黄壤土。目前主要采用大田栽培和林下生态种植两种模式，土壤质量和空气质量应达到国家二级标准，水源应符合农田灌溉水质量标准。

一、大田栽培模式

乌药大田栽培基地选择土层深厚、结构疏松、富含有机质、排水良好的耕地，见图7-9。

图7-9 乌药大田种植

（一）整地

1. 整地施底肥

在10～12月进行整地，深耕细整，清除草根、石块，促使地平土碎。穴状整地应尽量连成带状或小带，挖穴规格40cm × 40cm × 30cm。最后施基肥，每亩施入腐熟栏肥1000kg，或腐熟饼肥250kg，或复合肥50kg，将肥料翻拌入土层并整平畦面。

2. 排水设施建设

大田基地需要建设主排水沟和次排水沟，主排水沟横宽40cm，深度约30cm，次排水沟横宽30cm，深度约20cm，三面光。

3. 道路建设

大田基地内建设主干道宽5m，路面硬化，供小型工具车使用；次干道路宽3m，供基地人员操作使用。

（二）定植

每年2 ~ 3月份，选择2 ~ 3年生的幼苗。按照株行距0.5m × 1.0m，每亩约1300株进行定植。随起随栽，将苗木植入穴中后，回填土深度应为盖住根部上2 ~ 3cm，并适当提一下苗，保证苗木根系与土壤紧密接触。定植后及时浇透定根水。

二、林下乌药生态种植模式

大田种植基本选用农耕良田，存在土地利用率低、占用耕地等缺点。林下乌药生态种植（图7-10）基地是创造天台乌药原生环境，以保证其原生态的良好品质，同时实现山林土地的综合利用，在提高山林经济效益的同时，也可带来良好的生态效益。

图7-10 乌药林下套种

（一）适宜林地选择

选择山坡中下坡和山谷的阳坡且坡度小于25°，地势较平缓，阳光充足，黄壤土或红黄壤土、接近水源的缓坡地，也可选择郁闭度较小的马尾松林。

（二）整地施底肥

地势平缓、土层深厚、肥力好的地块宜采用带状整地或水平台整地；荒山荒地宜穴状整地，尽量连成带状或小带状；疏林下造林，根据郁闭度大小及林木分布情况，在林中空地采用穴状整地。结合整地，挖穴规格40cm×40cm×30cm，除净杂草、树根、石块、杂物等，再施基肥，每穴2kg有机肥或0.2kg复合肥。

（三）定植

每年2～3月份，选择2～3年生的种苗。按照株行距1.5m×1.5m，每亩约300株进行定植。随起随栽，将苗木植入穴中，回填土深度应为盖住根部上2～3cm，提苗保证苗木与土壤密接。栽植后及时浇透定根水。

（四）日常管理

乌药生长缓慢，栽种后的前几年要精心管理。一般在5～6月和8～9月各锄1次，主要是松土、除草等（图7-11），辅助对植株进行培土、扩穴、埋青。自第2年开始，可结合抚育进行施肥，每年至少1次，在苗干基部挖穴，将复合肥均匀施入穴内，每株100～200g（逐年增加）。在栽种3～4年以后，可根据幼树生长情况进行适当修剪、整枝，每年1次。达到一定的郁闭度后，应及时进行抚育间伐。

图7-11　林下生态种植基地松土、除草

三、病虫害防治

（一）病害防治

乌药的病害主要是白粉病和黑斑病。通过控制苗圃环境，做到圃内无杂草；栽培地加强通风排湿，降低空气湿度和土壤中的水分；筑高垅，开好排水沟，及时清除栽培地中的积水；控制幼苗密度，苗期增施钾、磷肥和草木灰，促进苗木生长，以增强幼苗的抗病力。

苗木幼嫩期间将石灰粉与草木灰以1∶4的比例混合均匀，每亩苗床撒施100～150kg；或在出苗期每隔10d，用0.5%的波尔多液或波美度0.3～0.5° Bé石灰硫黄合剂喷洒幼苗。

发现病苗及病株及时清除。或用竹醋液200倍喷治，每10天喷一次，连续喷3～4次。

（二）**虫害防治**

1. 樟梢卷叶蛾、樟叶蜂、樟巢螟防治

樟巢螟虫害见图7-12。当幼虫出现时，用0.5kg闹羊花或雷公藤粉末加水75～100kg制成药液喷杀。

图7-12 樟巢螟虫害

2. 樟天牛防治

以人工捕抓摘除虫巢和施药结合进行。冬季结合施肥深翻树冠下土壤，以冻死土中越冬蛹及幼虫。

第四节　乌药采收和加工方式

一、采收

（一）**乌药采收**

定植后6～8年可采收，全年均可采挖，以冬季为宜。采收时将天台乌药整株连根挖出（图7-13），然后除净根部泥土，剪取块根，除去细根，洗净，直接晒干。

若需连续种植，则将剪除块根后的植株及时采用剪根修枝等措施，重新定植，缩短天台乌药收获期。

（二）**嫩叶采收**

进行“茶园式”利用，每年3～5月份采收天台乌药的嫩叶，经晾干、杀青后用于制茶，见图7-14。

图7-13 乌药块根

图7-14 采摘乌药叶

二、初加工

可趁鲜切片，晒干（图7-15）。天台乌药从原料加工到制成乌药片有40多道工序，全部由手工来完成，乌药片薄如纸，平整不卷，色白无杂质、虫蛀、霉变，有清凉感、折断后香气浓郁者佳。天台乌药加工工艺是第二批台州市非物质文化遗产。

（一）质量等级

1. 乌药个质量等级

乌药个一级质量要求：形状：纺锤形，个大、肥壮，呈连珠状；颜色：断层无黑斑，质嫩内色白；气味：折断后香气浓郁；其他：无杂质、虫蛀和霉变。二级质量要求：形状：纺锤形，略弯曲；颜色：断层无黑斑，内淡黄棕色；气味：折断有香气；其他：无杂质、虫蛀和霉变。

图7-15 乌药初加工

2. 乌药片质量等级

乌药片一级质量要求：形状：直径1.2 ~ 4cm，厚度≤1mm；颜色：质嫩，呈白色或淡黄色；碎屑含量：不完整片不得超过10%；其他：无杂质、虫蛀和霉变。二级质量要求：形状：1mm＜厚度≤2mm；颜色：白色或淡黄棕色；碎屑含量：无碎末；其他：无杂质、虫蛀和霉变。

（二）挑选和刮皮

根据质量等级要求预先进行筛选。刮去外表皮，剔除须根等其他附着物，清洗干净，见图7-16。

图7-16 去皮的乌药

（三）切片

采用特制刨刀或圆盘式切片加工，顶头和尾部剔除另作他用。

（四）压片

采用标本夹压制，标本夹为木制或不锈钢制品。压片时，底铺洁净吸水纸，将切好的乌药片数层平铺于上方，再覆相同吸水纸。如此反复数层后，用重物压紧，置通风、阴凉处一天。其后进行一次翻压，并更换吸水纸，直至乌药片平直不卷为止。

（五）干燥

采用日晒或烘干方式，干燥用容器采用无污染的竹筛或其他制品，并具良好透气性。使用时保持清洁卫生。

（六）过筛

乌药片按质量等级标准进行过筛分级。

三、成本及效益分析

（一）林下种植成本与效益分析

效益分析（以8年采收期，人工1人，一亩地为例，土地租赁费用暂时不计）。按照株行距1.5m×1.5m，每亩约300株进行定植，每株苗成本3元，苗总成本900元；人工8年工资约4000元，生产管理成本200元。乌药种植8年后可收成，每株以100～250g计，总共约100kg，每千克按150元计，收入约15000元。由此，每亩地年收益约1240元。

（二）大田种植成本与效益分析

效益分析（以8年采收期，人工1人，一亩地为例，土地租赁费用暂时不计）。按照株行距0.5m×1.0m，每亩约1300株进行定植，每株苗成本3元，苗总成本3900元；人工8年工资约6400元，生产管理成本1200元。乌药种植8年后可收成，每株以150g计，总共约200kg，每千克按150元计，收入约30000元。由此，每亩年收益约2300元。

第五节　乌药质量标准及监测

一、乌药

来源：本品为樟科植物乌药［*Lindera aggregata*（Sims）Kosterm.］的干燥块根。全年均可采挖，除去细根，洗净，趁鲜切片，晒干，或直接晒干。

性状：乌药多呈纺锤状，略弯曲，有的中部收缩成连珠状，长6～15cm，直径1～3cm。表面黄棕色或黄褐色，有纵皱纹及稀疏的细根痕。质坚硬。切片厚0.2～2mm，切面黄白色或淡黄棕色，射线放射状，可见年轮环纹，中心颜色较深。气香，味微苦、辛，有清凉感。

质老、不呈纺锤状的直根，不可供药用。

鉴别：

（1）显微鉴别　①横切面（直径大约8.2mm）：木栓层为5～8列细胞，多为长方形的细胞，黄褐色，常破裂。皮层7～10列细胞，多为椭圆形的薄壁细胞，其中散有较多的椭圆形的油细胞，内含黄色挥发油。韧皮部由6～8列细胞组成，韧皮纤维多单个散在，油细胞稀少。韧皮射线较明显，呈喇叭口状，细胞切向延长，排列整齐。形成层成环。木质部宽阔，年轮明显，导管单个散在或两个聚集，导管类圆形或多边形，导管很稀少；木薄壁细胞较多；木射线不明显，常1～2列径向长方形细胞组成，油细胞少。中央木质部大部分为纤维。②粉末：乌药粉末黄白色。淀粉粒甚多，单粒类球形、长圆形或卵圆形，直径4～39μm，脐点叉状、人字状或裂缝状；复粒由2～4

分粒组成。木纤维淡黄色，多成束，直径20～30μm，壁厚约5μm，有单纹孔，胞腔含淀粉粒。韧皮纤维近无色，长梭形，多单个散在，直径15～17μm，壁极厚，孔沟不明显。具缘纹孔导管直径约至68μm，排列紧密。木射线细胞壁稍增厚，纹孔较密。油细胞长圆形，含棕色分泌物。

（2）薄层鉴别 取本品粉末1g，加石油醚（30～60℃）30mL，放置30min，超声处理（保持水温低于30℃）10min，滤过，滤液挥干，残渣加乙酸乙酯1mL使溶解，作为供试品溶液。另取乌药对照药材1g，同法制成对照药材溶液。再取乌药醛内酯对照品，用乙酸乙酯溶解，制成每1mL含0.75mg的溶液，作为对照品溶液。照薄层色谱法（通则0502）试验：吸取供试品溶液4μL、对照药材溶液4μL、对照品溶液3μL，分别点于同一硅胶H薄层板上，以甲苯-乙酸乙酯（15：1）为展开剂，展开，取出，晾干，喷以1%香草醛-硫酸溶液。供试品色谱中，在与对照药材色谱和对照品色谱相应的位置上，显相同颜色的斑点。

检查：水分不得过11.0%，总灰分不得过4.0%，酸不溶性灰分不得过2.0%，醇溶性浸出物不得少于12.0%，乌药醚内酯（$C_{15}H_{16}O_4$）不得少于0.030%（以干品计），去甲异波尔定（$C_{18}H_{19}NO_4$）不得少于0.40%（以干品计）。

二、乌药饮片

别名：台乌药。

来源：本品为樟科植物乌药的干燥块根。全年均可采挖，除去细根，洗净，趁鲜切片，晒干，或直接晒干。

炮制：未切片者，除去细根，大小分开，浸透，切薄片，干燥。

性状：本品呈类圆形的薄片。外表皮黄棕色或黄褐色。切面黄白色或淡黄棕色，射线放射状，可见年轮环纹。质脆。气香，味微苦、辛，有清凉感。

检查：水分不得超过11.0%（通则0832第四法）。总灰分不得超过4.0%（通则2302）。酸不溶性灰分不得超过2.0%（通则2302）。

浸出物：照醇溶性浸出物测定法（通则2201）项下的热浸法测定，用70%乙醇作溶剂不得少于12.0%。

含量测定：按干燥品计算，含乌药醚内酯不得少于0.030%，含去甲异波尔定不得少于0.40%。

性味与归经：辛，温。归肺、脾、肾、膀胱经。

功能与主治：顺气止痛，温肾散寒。用于胸腹胀痛，气逆喘急。膀胱虚冷，遗尿尿频，疝气，痛经。

用法及用量：6～10g。

处方应付：写乌药、台乌药均付乌药。

贮藏：置干燥处，防蛀。

参考文献

[1] 国家药典委员会. 中华人民共和国药典（一部）（2020年版）[M]. 北京：中国医药科技出版社，2020.

[2] 温中京，陈海委. 乌药的本草学考证 [J]. 江西中医药，2009，40（3）：57–59.

[3] 张婷，康显杰，杨莹，等. 不同产地乌药质量的评价 [J]. 中成药，2017，39（10）：2113–2118.

[4] 闫利利，王金芳，李秋月，等. 乌药的化学成分研究 [J]. 中国药业，2013，22（2）：16–17.

[5] 杜志谦，夏华玲，江海肖. 乌药挥发油化学成分的GC–MS分析 [J]. 中草药，2003，34（4）：308–310.

[6] 陈文明，李珊，汤艳，等. 湖南不同产地乌药根、茎、叶中主要化学成分的比较研究 [J]. 中医药导报，2017，23（22）：32–36.

[7] 王军伟，阮冰. 乌药的植化及药理研究概况 [J]. 浙江中医杂志，2006，41（11）：675–677.

[8] 邢梦雨，田崇梅，夏道宗. 乌药化学成分及药理作用研究进展 [J]. 天然产物研究与开发，2017，29（12）：2147–2151.

[9] Chou GX, Norio N, Ma CM, et al. Isoquinoline alkaloids from *Lindera aggregate* [J]. Chin J Nat Med, 2005, 3:272–275.

[10] 肖梅，曹宁，樊晶晶，等. 乌药叶黄酮类化学成分研究 [J]. 中药材，2011，34（1）：62–64.

[11] 丁慧珍，曹公银，王军伟，等. 乌药对急性酒精性肝损伤大鼠的抗氧化作用研究 [J]. 浙江中医杂志，2012，47（8）：603–604.

[12] 张剑，罗人仕，杨瑜，等. 乌药总生物碱抗炎镇痛效果研究 [J]. 湖北农业科学，2016，55（19）：5101–5103.

[13] 陈伟民，王军伟，朱玮华，等. 乌药提取物对大鼠急性酒精性肝损伤预防作用的抗氧化机制研究 [J]. 中国医刊，2013，48（1）：99–100.

[14] 陈方亮，余翠琴. 乌药的药理研究概况 [J]. 海峡药学，2011，23（12）：44–45.

[15] 陈潮，汤小刚，王军伟，等. 乌药不同提取物对酒精性肝损伤大鼠肝脏及小肠组织形态学的干预研究 [J]. 浙江中西医结合杂志，2017，27（11）：940–946.

[16] 谈博，江伟雯，连大卫，等. 乌药提取物对膀胱过度活动症模型膀胱上皮细胞Ca^{2+}浓度和UPII表达的影响 [J]. 中医药临床杂志，2016，28（6）：844–848.

[17] 海萍，高原，李蓉涛，等. 乌药的化学成分研究 [J]. 中草药，2016，47（6）：872–875.

[18] 桓娜，于俊生，刘玉萍. 乌药的中药学及临床应用文献综述 [J]. 中国中医药现代远程教育，2017，15（9）：148–150.

[19] 程慧洁，蔡夏琴，项家席，等. 乌药块根与叶药用价值探析 [J]. 浙江中西医结

合杂志，2014，24（6）：563-565.
［20］张春梅. 天台乌药散加减治疗女性压力性尿失禁的临床研究［J］. 中医中药，2017，55（30）：131-133.
［21］潘克明. 四磨汤治疗肝脾不和型肠易激综合征临床观察［J］. 光明中医，2020，35（19）：3032-3034.
［22］陈金红，周洁. 暖肝煎联合化疗治疗直肠癌术后患者的临床观察［J］. 中国中医药现代远程教育，2018，16（10）：112-114.
［23］朱强强. 百合乌药汤合平胃散加减治疗浅表性胃炎的临床观察［J］. 双足与保健，2018，27（8）：162+164.
［24］闫梅，李佳浍. “乌药汤配红花逍遥颗粒”治疗肝郁血瘀型月经不调的经验总结［J］. 临床医药文献电子杂志，2016，3（39）：7875.
［25］杨丽珍，陈莉. 自拟加味缩泉丸治疗伴隐性脊柱裂小儿遗尿症37例疗效观察［J］. 湖南中医杂志，2016，32（1）：11-13.
［26］中华中医药学会. 道地药材标准汇编［M］. 北京：北京科学技术出版社，2019.
［27］王旭红，徐珞珊，秦民坚，等. 乌药的显微鉴别［J］. 中草药，2004，35（06）：690-693.
［28］浙江省食品药品监督管理局. 浙江省中药炮制规范［M］. 北京：中国医药科技出版社，2015.

第八章　金线莲

第一节　金线莲概况

一、金线莲植物来源

金线莲主要基原植物为金线兰［*Anoectochilus roxburghii*（Wall.）Lindl.］，是兰科开唇兰属植物。在民间有金丝线、金耳环、鸟人参、金线虎头蕉、金线入骨消、金钱草、金线石松等美称，见图8-1。

此外，台湾金线莲（*A. formosanus* Hayata）、恒春银线兰（*A.koshunensis* Hayata）以及滇越金线兰（*A.chapaensis* Hayata）也常被统称为金线莲使用。金线莲和滇越金线兰叶片表面具金红色有绢丝光泽的网脉，金线莲叶片为卵圆形或卵形，背面淡紫红色，滇越金线兰叶片为偏斜的卵形，背面淡绿色；滇越金线兰的花期早于金线莲。金线莲地理分布区域较广，而滇越金线兰主要分布于云南屏边地区。台湾金线莲和恒春银线兰叶片表面具白色的网脉，台湾金线莲花不甚张开，倒置（唇瓣位于下方），子房扭转，恒春银线兰花张开，不倒置（唇瓣位于上方），子房不扭转；恒春银线兰的花期早于台湾金线莲。台湾金线莲和恒春银线兰主要分布于台湾地区，近年来福建、浙江、江西等地开始引种。

图8-1 金线莲原植物

二、金线莲资源分布

金线莲分布于亚洲热带和亚热带地区，主要为中国、日本、印度、斯里兰卡、尼泊尔及其他东南亚各国。在我国主要分布于福建、浙江、江西、广东、广西、云南、贵州及台湾等地，其中以闽、浙、赣为主产地。金线莲不同基原植物野外生境相似，常分布于亚热带常绿阔叶林、阔针混交林及竹林的沟边、石壁以及土质松散的潮湿地带。

三、金线莲成分及功效

金线莲含黄酮类、黄酮苷类、糖类、三萜类、生物碱、挥发油以及微量元素等成分。黄酮类化合物及其糖苷类化合物是金线莲中的主要活性化合物，目前已知存在于金线莲中的糖苷主要有金线莲苷、胡萝卜甾醇、苄醇（天麻素）。有机酸和挥发性化合物主要成分有棕榈酸、硬脂酸、阿魏酸、琥珀酸、香草酸。三萜类主要有弗林蛋白，齐墩果酸，熊果酸。类固醇有菜油甾醇、麦角甾醇、羊毛甾醇、β-谷甾醇、豆甾醇，24-异丙烯基胆固醇和26-甲基-5，22，25（27）-三烯豆甾烷醇。另外，从金线莲中也分离出具有抗HIV活性的内生真菌（*Epulorhiza* sp.），将真菌进行发酵培养，发现了11种单体化合物，其中3-羧基吲哚被认为是抗HIV活性物质。另外一种化合物吡咯啉［（1，2α）-3，6-二酮六氢吡嗪］显示有抗心律失常作用。金线莲中的大量元素包括Ca、P、Mg、Na和K，其中K的含量最高，Na最低。金线莲中的微量元素分别是Fe、Co、Cu、Mn、Zn、Mo和Cr、Fe含量最高，Co含量最低。

据古籍记载，金线莲味甘、性平。归肺、肝、肾、膀胱经。具有清热凉血、除湿解毒等功效。如《台湾通志》记载金线莲“味淡、性凉，能退大热，并疗下血”；《连江县志》记载金线莲“治小儿冲病”；《德化县志》记载金线莲“治小儿惊风”。近代，则在清热凉血的基础上又多了除湿解毒、滋养强壮之效，如《福建省中药材标准》记载金线莲味甘、性平，清热凉血，除湿解毒，可用于小儿惊风、肾炎、膀胱炎、糖尿病、支气管炎、风湿性关节炎等；《浙南本草新编》记载：其味淡，性微温，祛风湿，舒筋络，用于治疗风湿性关节炎。《中华本草》《中药大辞典》（2014版）记载金线莲味甘、性凉，清热凉血，除湿解毒，可用于小儿惊风、肺热咳嗽、肺结核咯血、尿血、破伤风、肾炎水肿、风湿痹痛、跌打损伤、毒蛇咬伤等；国立中国医药研究所出版的《药用植物学》记载金线莲“清凉退火、凉血固肺、祛伤解毒、开中气、滋养强壮，主治肺病、高血压、蛇伤、肾亏、小儿发育不良”。可见从古至今海峡两岸对金线莲性味功效的认识基本一致，其味微甘、性凉，有清热凉血、解毒滋养之效。金线莲还具有降血糖、保肝、抗肿瘤、抗氧化、镇痛、抗乙型肝炎病毒（HBV）、治疗高尿酸血症、降血压、改善骨质疏松、提高免疫力等药理作用及临床应用。

四、金线莲的产业现状及发展趋势

（一）产业现状及前景

近年来，国内外市场对金线莲需求量不断上升，市场缺口逐年加大，仅韩国、日本年均需求量就达1000t，且70%依赖进口，推动了我国金线莲人工种植，规模迅速扩大，成为我国发展较快的中药材之一。

我国台湾地区的金线莲产业起步较早，主要集中于台中、南投等地，我国除台湾省以外地区的金线莲人工栽培主要集中在福建、浙江、广东、云南等地，其他如广西、江西、贵州、江苏、湖北、安徽等地也有种植，2014年，全国金线莲出苗量约15亿株，年产金线莲鲜品2500t，年产值达30亿元，其中南靖、永安年产值突破5亿元。金线莲产业规模不断扩大的同时，由于缺乏相关质量标准和严格的质量控制和检测指标，导致市场上产品质量参差不齐、以次充好、售假掺假的现象严重，2006年，福建省制定金线莲中药材标准，2012年又制定金线莲中药饮片炮制规范；2018年安徽、贵州等地也相继制定金线莲相关标准，产业组织结构处于不断优化的状态。

随着福建、安徽、贵州等省陆续将金线莲列入中药材标准和炮制规范，近年来，栽培规模迅速扩大。尚未进入炮制规范的省份只能作为初级农产品进行销售，严重制约产业的规模化发展。

2020年，浙江省生产金线莲面积约2000多亩，其中组培繁育企业有7家，出苗种苗量约2亿余株，初步形成了金华、杭州、温州、台州等产业集聚区。生产模式主要为设施栽培和林下仿野生栽培，其中设施栽培300多亩，亩产鲜品180～210kg，产干药材19.5kg/亩；林下仿野生栽培亩产面积1568亩，鲜品80～100kg，产干药材12kg/亩。

（二）产业发展主要问题

近年来，全国金线莲不仅供药用，还常被用作药膳食材，市场上销售的金线莲产品，主要来源于人工栽培，作为金线莲产业链的基础环节，金线莲人工栽培技术经过近几年的发展已逐渐成熟。

据文献记载，金线莲主产福建、台湾等地，浙江也是产地之一，其野生种质资源主要分布在温州平阳、丽水遂昌等地区，仿野生栽培基地主要分布于金华、杭州、温州等地。由于林下仿野生栽培的技术条件要求高，生长条件苛刻，导致产量水平低，另外由于金线莲产品质量标准缺失，市场上产品质量参差不齐，存在以次充好、售假掺假的现象，缺乏严格的量化质量控制和检测指标，制约了金线莲产业的持续健康发展。

五、金线莲生物学特性

（一）形态学特征

金线莲为陆生兰科植物，株高8～18cm。根状茎匍匐，伸长，肉质，具节，节上生根。茎直立，肉质，圆柱形。叶片卵圆形或卵形，长1.3～3.5cm，宽0.8～3cm，上面暗紫色或黑紫色，具金红色带有绢丝光泽的美丽网脉，背面淡紫红色，先端近急尖或稍钝；叶柄长4～10mm，基部扩大成抱茎的鞘。总状花序具2～6朵花，长3～5cm；

（1）叶片

（2）花

（3）整株形态学特征

图8-2 金线莲

花序轴淡红色，见图8-2。

（二）适生环境

金线莲适合生长于温暖湿润的环境，要求年平均气温18～21℃，空气相对湿度70%～90%。主要分布海拔在200～1200m，低海拔常分布在山涧溪流两侧，高海拔一般为针阔叶混交林下阴湿、肥沃的环境。金线莲生长缓慢，种子极小，无胚乳，自身繁殖力低，需与某些菌根真菌共生才能萌发，植株营养生长和生殖生长都需要与特定菌根形成共生关系，才能完成生活史。

（三）生长发育规律

一般在硕果采收后当年12月或翌年1月开始组培播种，经12～15个月组织培养，形成组培苗后，经茎段培养4个月种植于大棚内。每年的4月金线莲生长速度明显加快，之后金线莲一直生长旺盛，株高、地径、鲜重都明显提高，茎节明显，叶片呈椭圆形、墨绿色，金黄色叶脉清晰可见；进入9月份，金线莲生长速度明显变缓。9月初，金线莲植株顶端出现花蕾；11月份初，金线莲花苞开始绽放，11月中下旬开花结束，花为总状花序，有1～6朵疏散的小花，11月底，花朵开始凋谢；12月上旬，金线莲经人工授粉的花朵进入结果期，1月中旬果实成熟，之后金线莲进入休眠期。

第二节　金线莲种苗繁育技术

图8-3 蒴果

图8-4 组培接种

金线莲基原植物蒴果（图8-3）长卵形，褐色，内含有大量的种子，种子极为细小，由未成熟的椭圆形胚及种皮细胞构成，只有在真菌共生情况下，才能促进种子萌发，但发芽率很低。而以传统的分根和扦插方式繁殖，则需时长且繁殖倍数不高，很难形成规模。金线莲基原植物种苗繁育技术研究始于20世纪80年代，目前组培主要有种子无菌培养、离体快繁等形式（图8-4）。

采集未开裂的成熟蒴果，自来水冲洗干净后，在超净台上，用75%酒精棉擦拭果皮，再置10%次氯酸钠溶液中浸泡10～12min，用无菌水冲洗5～6次，然后用解剖针将消毒后的蒴果纵向剖成两半，镊子夹取少量种子，撒入灭过菌的培养基中。种子萌发形成原球茎后，原球茎可以直接发育成幼苗，也可以由原球茎产生愈伤组织，再由愈伤组织发育成类原球茎而分化成幼苗。

一般情况下，种子接种在培养基上1～2周后，种子吸水膨大，种胚突破种皮，出现表皮毛，4～5周时，可见白色原球茎，并于部分原球茎顶端出现分生组织，6周后，原球茎继续生长，表皮毛数量和长度也相应增加，并开始出现第一片叶的形态，持续至10～12周，形成具有1～2片小叶的幼苗。

此外，授粉类型对金线莲种子萌发影响较大，异株、异花授粉所得的种子的萌发率高，种子的萌发率随冷藏时间的延长而降低，使用次氯酸钠浸泡后的种子与对照组相比，其萌发率无明显差异。

第三节　金线莲种苗生产技术

一、外植体选择与消毒

选取优株茎段作为外植体，先去除根、叶部分，流水冲洗30min，再把叶鞘及顶部叶削掉，注意不要伤及腋芽。然后在超净工作台上用75%的酒精消毒30s，再用3%次氯酸钠消毒8～10min，最后用无菌水清洗5次备用。

二、启动培养

将消毒好的材料切成带芽茎段（图8-5）和顶芽，平铺于1/2MS+6-苄氨基嘌呤（6-BA）（2～3mg/L）+萘乙酸（NAA）（0.5mg/L）的培养基上，直接诱导腋芽发育以保证无性系的稳定性。在相同的消毒处理条件下，观察到顶芽的污染率明显低于茎段，中部茎段比基部茎段的污染率低。经过20d左右的培养，外植体可诱导出丛芽，并以中部茎段诱导出的丛芽数最多。

图8-5 金线莲茎段组培一步成苗法

三、增殖培养

采用金线莲“茎段组培一步成苗法”，将启动阶段诱导出的丛芽，转接至MS+6-BA（1~2mg/L）+NAA（0.2~0.5mg/L）的增殖培养基中。增殖前期激素浓度适当增加10%，使之继续以丛芽状态增殖，待基数增长起来后再逐渐降低激素浓度，使其形态上更接近于壮苗。

金线莲组培苗见图8-6。

图8-6 金线莲组培苗

四、壮苗生根

金线莲的生根诱导比较容易，而在生根培养过程中，在培养基中附加一定比例的香蕉和马铃薯的提取物，对壮苗及生根有明显的促进作用。此阶段培养基配方推荐使用1/2MS+NAA（0.5mg/L）+0.2%活性炭（AL）+10%香蕉或土豆泥。

五、炼苗

通过一定的自然光培养，使组培苗粗壮，木质化程度增强，从而提高栽培成活率，移栽前将组培室生产的瓶苗移至炼苗棚苗床上，进行驯化炼苗15～30d，利用遮光率为80%的遮阳网双层遮阴，温度为20～28℃，见图8-7。

六、清洗、移栽

用镊子将金线莲从培养瓶中取出，洗去基部培养基后移栽到基质中。按比例配制基质，控制温度（25±2）℃，相对湿度前期60%～80%，以后逐渐降低湿度。

组培苗清洗见图8-8。

图8-7 大棚炼苗

七、种苗标准

邵清松等结合生产实践经验和金线莲植物本身特性，通过对金线莲种苗株高、地径、叶片数、全株鲜重、高径比这5个指标进行主成分分析后，采用了株高和地径作为金线莲种苗分级指标，结合赵云青等的研究，笔者认为金线莲种苗分级指标应以叶片数、株高和茎粗为宜，具体分级如表8-1所示。

图8-8 组培苗清洗

表8-1　金线莲种苗质量等级标准

项目		指标	
		合格苗	优质苗
性状		生长健壮、无污染、无烂茎、烂根	
根/条	≥	3	4
叶片/片	≥	3	4
株高/cm	≥	6.0	7.6
茎粗/mm	≥	2.0	2.7
整齐度		基本均匀	均匀
检疫对象		不得检出	不得检出

第四节　金线莲种植技术

金线莲栽培场地宜选择水源好、通风、排水好的地块，要求无污染源，交通便利。环境空气符合GB 3095—2012《环境空气质量标准》规定的二级标准；农田灌溉水质符合GB 5084—2005《农田灌溉水质标准》规定的旱作农田灌溉水质标准；土壤环境符合GB 15618—2018《土壤环境质量　农用地土壤污染风险管控标准》（试行）规定的二级标准；农药符合NY/T 393—2020《绿色食品　农药使用准则》规定的标准；肥料符合NY/T 496—2010《肥料合理使用准则　通则》规定的标准。目前，金线莲的种植方式主要有设施栽培（立体式、套袋式）、林下原生态栽培等。

一、设施栽培

设施栽培是指通过创造人工可控制的环境条件，使植物能够正常生长发育，摆脱了环境对生产的不利影响，有效地保证了生产的稳定性，并可按人们的需求获得高产、优质的农产品。金线莲种植大棚一般可分为3类：玻璃温室大棚、连栋钢管大棚和简易大棚。

（一）设施大棚建设

设施大棚走向因地形而异，一般以南北走向为宜。棚宽16m（2拱，每拱8m），长约30m（如大棚长度超过30m，则在大棚中间加装循环风机），高5m，四周遮盖利得膜，棚顶安装2层可活动的遮阳网，棚内离地高3m处安装1层可活动的遮阳网。在棚的一端安装抽风机（1拱2个），另一端安装水帘。棚外两边外侧装可卷起的利得膜，内侧装固定的防虫网。棚顶应保证不积水，并且无尖锐棱角。大棚建好后，用高锰酸钾（$1g/m^3$）和40%甲醛（$5\ mL/m^3$）熏蒸消毒，3d后打开风机强制通风，20d后大棚方可使用。

搭建大棚前应清除四周的杂草及废弃物，集中烧毁，同时施撒生石灰进行消毒。大棚走向因地形而异，一般以南北走向为宜，玻璃温室大棚和连栋钢管大棚棚顶及四周先覆盖薄膜再盖遮阳网，便于人工控制棚内温度、光照、湿度，大棚内安装风机、水帘系统及微喷灌系统。

简易大棚一般用毛竹进行搭建，棚顶及四周覆盖薄膜和遮阳网，有条件的安装微喷灌系统，棚的四周应挖排水沟，以利排水。在种植前需对组培苗进行炼苗，以增强组培苗对大棚环境的适应性，促使其从异养向自养转化，提高移栽成活率。浙江地区移栽时间以每年3～4月移栽为宜，福建、广西等地通常一年种植两季，第一季3月初移栽，第二季9月初移栽，移栽时宜浅忌深，以第一条根接触基质为宜。

设施栽培根据栽培形式可分为立体栽培和套袋式栽培等类型。

1. 立体栽培

立体栽培是在不影响平面栽培的条件下，通过四周竖立起来的柱形栽培或者以搭

（1）玻璃温室移动式

（2）立体式苗床架

（3）简易设施式

图8-9 苗床架

架、吊挂形式按垂直梯度分层栽培，向空间发展，充分利用空间和太阳能，以提高土地利用率3~5培，可提高单位面积产量2~3倍。目前主要有移动式、立体式及简易式等苗床架（图8-9）立体栽培模式。

2. 套袋式栽培

单筐套袋式栽培模式是近年来新兴的一种栽培方式，由透气装置、塑料薄膜、不锈钢骨架以及种植筐构成。种植筐通过透气装置实现与外界的气体和水分的交换，高温干旱季节，通过水帘、风机、喷灌等设施对周边环境进行降温增湿，从而调节套袋种植筐内的环境。单筐套袋式栽培模式机动灵活，可操作性强，既适合企业大规模种植，又适合合作社、农户小规模种植。

（二）栽培基质

金线莲宜在微酸基质条件下生根，栽培基质要求疏松透气、保湿性和排水性较好。采用泥炭：花生壳（粉碎状）：珍珠岩=8：1：1（体积比）作为栽培基质（图8-10）。

图8-10 金线莲栽培基质

（三）组培苗选择及炼苗

组培苗应选择表8-1中二级以上标准的苗。在种植前需对金线莲组培苗进行适应性炼苗，以增强组培苗移出瓶后对大棚环境的适应性，促使其从异养向自养转化过渡，提高移栽成活率。炼苗大棚温度一般不要超过35℃，如果温度太高，金线莲叶片会因为脱水变成灰褐色，导致萎蔫。炼苗时间春秋一般在30d 左右，冬季在50d 左右。

（四）移栽后的养护管理

1. 光照

金线莲喜欢散射光短时照射，其适宜光照强度一般为1500 ~ 2000lx，种植前期光照强度低一点，后期可适当加强。光线太强会使叶片褪绿影响产品质量，且不利于植株生长，影响成活。

2. 水分

刚种植时，大棚内空气相对湿度应控制在85% ~90%；成活后，相对湿度应控制在75% ~85%。保持基质湿润，但不能过湿，以免引起烂根、烂茎。给金线莲浇水应在早上进行，中午、下午和棚内温度较高时，浇水会灼伤植株。雨季来临前，要及时清理大棚外的沟渠，以免雨水倒灌或渗入大棚。

3. 温度

金线莲最适生长温度在23℃左右。当气温超过30℃或低于15℃时，生长会受到抑制；当气温长时间超过35℃时，会因蒸腾失水严重而死亡。因此，在高温季节，应同时打开水帘降温和开动风机抽风，以降低大棚内的温度和保持较高的湿度，有利于金线莲的生长。

（五）施肥

金线莲组培苗在种植20d后，部分根的根尖处开始长出新根，可以施肥。前期以每周喷叶面肥或淋水肥1次，如磷酸二氢钾、尿素、高钾型叶面肥等，施用浓度为0.1% ~ 0.3%。后期为保证品质，以腐殖酸肥、有机肥为主，如植物氨基酸、丰叶宝等，施用浓度为800 ~ 1000倍。喷洒到植株叶面上以有水雾为宜。在整个生长周期中，可喷洒5000倍液的芸苔素（硕丰481）3 ~ 4次。采收前1个月停止施肥。

二、林下原生态栽培模式

中药材林下原生态栽培是指根据药用植物生长发育习性及其对生态环境的要求，以林地资源为依托，利用林木枝叶适当的遮阳效果，形成有利于药用植物生长环境的一种栽培模式。根据林下仿野生栽培形式不同分为林下原地栽培和林下立体栽培两种类型，见图8-11。

（一）林下原地栽培

种植前，清除林地中的老枝、病枝、弱枝和机械损伤枝，并清理杂草、杂灌木等杂物，在林木之间铺设一层遮阳网，使林分的遮阳度为70%～80%。对选取的场地进行平整，去除大石块、树枝，开沟作畦，畦宽120cm左右，高15～20cm，长度根据地块而定，开好畦沟、围沟，以雨后地块无积水为宜，种植地四周配备相应的鸟害、鼠害防护设施。金线莲原地栽培种植床易孳生杂草，应及时清除，并定期清理遮阳网上的枯枝落叶，见图8-12。

（1）设施立体栽培

（2）单筐套袋式栽培

（3）简易大棚栽培

（4）林下原地栽培

图8-11 不同栽培模式

（1）杂木林下　　（2）杉木林下

图8-12 林下原地栽培

1. 林地选择

金线莲为阴生植物，林下仿野生栽培应选择阴湿、凉爽、弱光、水湿条件优越的林地、疏林地或灌木林地，海拔高度200～1000m的植被类型为常绿阔叶林、针阔混交林或毛竹林。种植地坡度应小于25°，以东坡、东北坡为佳。土壤类型为红壤或黄红壤，土壤pH为6.0～6.5，郁闭度0.7～0.8，腐殖质层3cm以上，有机质含量≥4%，有充足的无污染天然水源。在华东地区，林下原地栽培常种于杉木、杂木林或竹林。

2. 林地整理

在林下沿等高线整畦，深翻20cm，挑除畦内树枝，树根，细致整地，畦宽60～100cm，畦高25cm，畦面稍微倾斜，避免积水，畦边开设排水沟，沟深20cm。

3. 移栽

移栽苗要求无病虫害，叶片舒展，色泽正常，移栽前基部的培养基用清水漂洗干净，整齐排放在塑料筛里，用0.05%高锰酸钾溶液浸泡1～2min，然后用清水漂洗。移栽时基质保持湿润疏松。移植深度为第一条气生根根尖刚好触及基质，栽植密度500～600株/m^2，移植后及时遮阳、保湿。

栽后20d内，培养环境空气湿度保持在80%～95%；栽植20d后，空气湿度保持在80%～90%，基质含水量用手紧握刚好可以挤出水来。温度保持在20～30℃，遇到高温和低温天气，进行人工升降温调节。光照强度1500～2000lx，可用遮阳网调节。

4. 肥水管理

肥料以腐殖酸肥、有机肥为主，主要用植物氨基酸、蔬果鲜、丰叶宝等。成活前根外施肥一般用植物氨基酸1000倍液喷施，成活后用植物氨基酸400～600倍液、丰叶宝600倍液、蔬果鲜600倍液轮流喷施，追肥可用根部营养液600倍液淋灌。稀释肥料用的水应是干净无污染的清水。栽植后每10天进行1次根外施肥，采收前15天停止施肥。

（二）简易林下种植方法

金华荆龙生物科技有限公司自主开发了一种较简易的金线莲林下原地种植方法，

图8-13 林下起垄方式

具体方法如下。

1. 金线莲林下起垄方式

金线莲林下种植垄长6～10m，垄宽0.8～1.2m，垄高20cm以上，垄间开设排水沟，以便于雨季排水。沟宽30cm，深20～30cm，垄过长不利于冬季覆盖小拱棚，空气流通影响通风透气，垄过短栽培面积减少进而增加相应成本，见图8-13。垄宽依个人操作需要而定。

2. 金线莲宽行稀植模式

金线莲林下采用单株宽行稀植模式种植，株行距以5cm×10cm为宜。稀植模式减少了病虫害的流行发生并改善植株间透光通风情况。由于金线莲匍匐生长，茎节上生根，故采用倾斜45°角种植，有利于节茎气生根生长，提早入土吸收土壤中水分与养分，以促进地上部分长势。

3. 金线莲定植后管理

金线莲定植后浇定根水，定根水中可加入微生物药剂预防金线莲苗期常发生的白绢病、疫病、灰霉病等。

定植后7～10d为缓苗期。前7天苗床间湿度保持在60%以上，温度在18～28℃，光照强度在1500～2000lx，以提高成活率。缓苗期如环境中光照强度超过3000lx，必须覆盖遮阳网降低光照强度，以免光线过强，造成金线莲蒸腾作用过大导致植物缺水萎蔫死苗影响成活率。缓苗期过后温、湿度及光照按金线莲正常生长要求控制，见图8-14。

图8-14 育苗盘栽培

三、林下立体栽培

林下立体栽培是指将不同生理特性的植物在同一林地按不同的空间进行优化组合，提高了对土地、光能等自然资源的利用率，见图8-15。金线莲林下立体栽培一般可分为两类：林下搭架栽培和林下悬挂栽培。林下搭架栽培一般选择常绿阔叶林、针阔混交林或毛竹林，通过遮阳网使林分的遮阳度达到70%～80%，在林下用毛竹搭建50～70cm的架子，将移栽好的穴盆或种植筐摆放在架子上。将尼龙网兜悬挂于树上，将移栽好的穴盆或种植筐摆放在网兜内。林下立体栽培的栽培基质、移栽方法、肥水管理、病虫害防治等与林下地栽相类似，且通风性、排水性较好。此外林下悬挂栽培能较好地预防兽类危害。

（1）杂木林下　（2）竹林林下　（3）林下容器栽培

图8-15 不同林下立体栽培模式

四、盆栽模式

金线莲株型小巧美观，叶形优美，叶脉金色呈网状排列，花白色，中萼片卵形，凹陷呈舟状与花瓣粘合呈兜状，侧萼片张开，偏斜的近长圆形或长圆状椭圆形，花瓣质地薄，近镰刀状，可以单独进行盆栽，也可与兰草等其他盆栽苗木镶嵌搭配，具有极高的观赏价值。近年来，已作为高档盆栽进入宾馆、写字楼和家庭，日渐受到消费者的青睐，需求量大幅增加。根据盆栽形式不同分为盆景式栽培和提篮式栽培类型（图8-16）。

（一）盆景式栽培

盆景式栽培可选用瓦盆、紫砂盆、瓷盆或塑料盆，使用前用5%含氯消毒水进行浸泡。花盆底部一般铺一层碎石或碎砖，然后再铺设栽培基质，可选用泥炭土、木屑、树皮、花生壳、河沙等，按照一定的比例混合，既要满足保水性、通风透气的要求，又要有利于植物固定。

（二）提篮式栽培

提篮式栽培是近年来推广较快的一种栽培方式，它适合种植于露台、室内，既具有观赏价值，又可以供消费者采摘食用。提篮式栽培一般选用塑料提篮作为栽培容器，其栽培基质、移栽方法、肥水管理、病虫害防治等与盆景式栽培相类似。此外每

（1）盆景式

（2）提篮式

图8-16　盆栽模式

个提篮之间相互隔离，防止运输过程中挤压损坏，降低了运输风险。

五、主要病虫害防治

在金线莲栽培过程中，常见病害主要有茎腐病、软腐病、灰霉病等，常见的虫害主要有蜗牛、蛞蝓、小地老虎和蛞蝓等。目前没有登记的对口农药，应以农业防治为主，清洁田园、合理施肥、拔除病株等，但生产上有用农药防治的习惯（附录1）。

第五节　金线莲采收及加工方式

一、采收

金线莲栽培4～6个月后，植株高度10cm以上，5～6片叶时即可采收。选择晴天露水干后进行采收。采收时将栽培基质用小铁锹铲松，将金线莲植株连根拔起，见图8-17。

图8-17 采收

二、产地初加工

对于鲜品的整理需要通过挑选、除杂，置阴凉潮湿处；对于干品的加工要以金线莲鲜品为原料，经清洗，采用一定干燥工艺制干，含水量≤12%，置于通风避光干燥处，防潮。

三、成本及效益分析

（一）设施栽培成本与效益分析

设施栽培每亩以宽10m×长50m连栋大棚为例，面积使用率约为75%，种植面积为375m^2；温室内每平方米可摆放育苗盘（长42cm×宽42cm）5.5盆，该温室一层可摆放育苗盘2500盆；每盆可种植120株金线莲，每盆种植成活率88%，即约106株，适宜种植30万株，投入成本为种苗投入9万元/亩，基质0.8万元/亩，其他5.9万，总投入15.7万元/亩。种植4～6个月后每株可达1.6g，每盆可收获106株×1.6g/株≈170g，一般可收获422.5kg，按批发均价500元/kg计算，则收入约21.13万元/亩，利润为5.43万元/亩，投资利润率为34.59%。

（二）林下仿生栽培成本与效益分析

林下仿野生栽培金线莲对环境要求较高，以适宜种植林地一亩地为例，主要投入为种苗、移植的材料费、劳务费，土地利用面积20%，约133m^2，土地租赁费用暂时不计。每亩投入3万株种苗，按种植存活率80%计算，即2.4万株。投入成本主要有种苗约为1万元，其他2.8万/亩，总投入3.8万元/亩。种植6个月后每株约2.8g，采收产量达67.2kg/年，以批发均价900元/kg计算，则收入约为6.04万元/3万苗，利润约为2.25万元/3万苗，投资利润率为59.21%。

第六节　金线莲质量标准及监测

来源：全年均可采收，种植6个月以上，全草入药。

性状：金线莲鲜品长4～18cm。茎淡红褐色，肉质，节上生根，根粗壮，根表面被柔毛。叶互生，呈卵圆形或卵形，长1～5cm，宽1～4cm，先端急尖或骤尖，基部圆钝；叶上表面墨绿色，具金黄色或金红色绢丝光泽的脉纹，下表面淡紫红色或淡绿色；叶柄基部扩大成抱茎的鞘。气微香，味淡微甘。

金线莲干品常缠结成团，淡红褐色或深褐色。展开后完整的植株长4～18cm。节上生根，根表面被柔毛。茎细，具纵皱纹，断面棕褐色。叶互生，多皱缩，完整者展开后呈卵圆形或卵形，长1～4cm，宽0.5～3cm，先端急尖或骤尖，基部圆钝；叶上表面暗绿色或深褐色，可见金黄色或橙红色脉纹，下表面红褐色，可见主脉凸起；叶柄基部扩大成抱茎的鞘。气微香，味淡微甘。

鉴别：

（1）显微鉴别　粉末棕褐色。根毛多见，多破碎，平直或扭曲成螺旋状。叶上表皮细胞呈三角状椭圆形至椭圆形，长60～90μm，宽40～80μm，外壁呈乳头状凸起。叶下表皮气孔多见，主要为不定式或不等式。草酸钙针晶成束或散在，长40～120μm。薄壁细胞类圆形，有的可见黄棕色内含物。导管多为螺纹导管。

（2）薄层鉴别　鲜品低温干燥后粉碎取粉末0.2g，加甲醇20mL，超声处理20min（功率250W，频率40kHz），放冷，滤过，滤液蒸干，残渣加甲醇1mL使溶解，作为供试品溶液。另取水仙苷对照品，加甲醇制成每1mL含0.2mg的溶液。照薄层色谱法［《中国药典》（2020版）四部通则0502］试验，吸取上述两种溶液各2μL，分别点于同一硅胶G薄层板上，以乙酸乙酯-甲醇-甲酸-水（11∶1∶1∶1）为展开剂，展开，取出，晾干，喷以5%三氯化铝乙醇溶液，晾干，置紫外光灯（365nm）下检视。供试品色谱中，在与对照品色谱相应的位置上，显相同颜色的荧光斑点。

检查：水仙苷（$C_{28}H_{32}O_{16}$）不得少于0.080%，水分应小于13.0%，灰分应小于8.0%（以干品计）。

参考文献

[1] 罗晓青，吴明开，查兰松，等. 珍稀药用植物金线莲研究现状与发展趋势[J]. 贵州农业科学，2011，39（03）：71-74.

[2] 谭晓菁，苏成雄，俞信光，等. 金线莲药用价值与种苗快繁技术研究进展[J]. 药物生物技术，2017，24（01）：88-91.

[3] 黄可可. 金线莲活性成分分析和质量标准的研究[D]. 福州：福建医科大学，2012.

[4] 陈裕，林坤瑞，管其宽，等. 金线莲生物学特性及生境特点的研究[J]. 亚热带植物通讯，1994（01）：18-24.

[5] 邵清松，叶申怡，周爱存，等. 金线莲种苗繁育及栽培模式研究现状与展望.[J]. 中国中药杂志，2016，41（02）：160-166.

[6] 王晋成. 金线莲化学成分研究进展[J]. 东南园艺，2014，2（06）：68-74.

[7] 吴萍萍，黄丽英. 金线莲HPLC指纹图谱研究[J]. 中草药，2015，46（13）：1975-1979.

[8] 刘辉辉，沈岚，毛碧增. 金线莲化学成分、药理及组织培养研究进展[J]. 药物生物技术，2015，22（06）：553-556.

[9] 肖小华，林彩霞，吴序栎，等. 金线莲的化学成分及生物活性研究进展[J]. 现代食品科技，2018，34（05）：267-275.

[10] 韩美华，杨秀伟，靳彦平. 金线莲挥发油化学成分的研究[J]. 天然产物研究与开发，2006（1）：65-68.

[11] 朱善岚. 金线莲活性成分的分析[D]. 福州：福建医科大学，2010.

[12] 江绮晴，方祥，郑贵朝. 金线莲菌根真菌的分离与鉴定[J]. 现代食品科技2012，28（09）：1136-1138.

[13] 赖应辉，吴锦忠. 金线莲中无机元素及糖类的分析[J]. 中药材，1997，20（2）：84-85.

[14]《全国中草药汇编》编写组. 全国中草药汇编[M]. 北京：人民卫生出版社，1975.

[15] 安彦峰，张雅琼，冯德强. 金线莲药理和临床研究进展[J]. 中国现代中药，2014，16（8）：685-687.

[16] 吴丽丽，梁燕，许光辉. 金线莲化学成分、药理作用及临床应用研究概述[J]. 海峡药学，2014，26（10）：34-37.

[17] 洪琳，邵清松，周爱存，等. 金线莲产业现状及可持续发展对策[J]. 中国中药杂志，2016，41（03）：553-558.

[18] 汤珺琳. 福建省金线莲产业化现状及市场开发策略分析[D]. 福州：福建农林大学，2016.

[19] 邵清松. 珍稀名贵药材金线莲[M]. 北京：中国农业出版社，2018.

[20] 朱美瑛. 金线莲种质资源评价及组培快繁体系研究 [D]. 南京：南京农业大学，2014.
[21] 陈裕，林坤瑞，管其宽，等. 金线莲生物学特性及生境特点的研究 [J]. 亚热带植物通讯，1994 (01)：18-24.
[22] 刘堂梅. 金线莲生长规律及质量评价研究 [D]. 临安：浙江农林大学，2014.
[23] 邵清松，叶申怡，周爱存，等. 金线莲种苗繁育及栽培模式研究现状与展望 [J]. 中国中药杂志，2016，41 (02)：160-166.
[24] 伍成厚，冯毅敏，贺漫媚，等. 金线莲种子培养的研究 [J]. 中国野生植物资源，2008，27 (1)：47-50.
[25] 罗安雄，孟志霞，陈晓梅，等. 福建金线莲种子萌发及幼苗培养研究 [J]. 中国药学杂志，2012，47 (15)：1199-1203.
[26] 邵清松，周爱存，胡润淮，等. 种苗级别对金线莲生长发育及产量和品质的影响 [J]. 中国中药杂志，2014，39 (05)：785-789.
[27] 赵云青，陈菁瑛，黄瑞平，等. 金线兰种苗质量分级标准研究 [J]. 福建农业学报，2017，32 (11)：1239-1243.
[28] 陈汉鑫. 金线莲组培苗设施栽培技术 [J]. 南方园艺，2015，26 (1)：60-62.
[29] DB 35/T 1388—2013，地理标志产品　永安金线莲 [S].

第九章 青钱柳

第一节 青钱柳概况

一、青钱柳植物来源

青钱柳（*Cyclocarya paliurus*）为胡桃科青钱柳属植物。在民间有摇钱树、甜叶树、山沟树、山麻柳、山化树等美称，见图9-1。2013年被批准为新食品原料。

图9-1 青钱柳

二、青钱柳资源分布

青钱柳产于我国安徽、江苏、浙江、江西、福建、台湾、湖北、湖南、四川、贵州、广西、广东和云南东南部。常生长在海拔500～2500m的山地湿润的山区、溪谷、林缘中，喜生于温暖湿润肥沃，排水良好的酸性红壤、黄壤上，在土壤干旱贫瘠的地方生长不良。

三、青钱柳成分和功效

青钱柳主要含有黄酮类、多糖类、三萜类、酚酸类和无机元素等成分，其中三萜类成分主要有青钱柳苷Ⅰ、Ⅱ、Ⅲ，青钱柳酸A，青钱柳酸B，2α-羟基熊果酸，阿江榄仁酸，齐墩果酸和乌索酸，β-香树脂醇，α-乳香酸，β-香树脂酮，β-乳香酸，青钱柳D、E、F、G等多种成分。青钱柳中还含有维生素A、维生素E、维生素C及色氨酸、肌醇、β-谷甾醇、胡萝卜苷、胡萝卜素、蒽醌、棕榈酸、内酯、硬脂酸等化合物。

青钱柳性温、味辛、微苦。归脾、胃经。具有清热消肿、止痛的功效。主治皮肤癣疾、消渴燥热等症状。青钱柳还具有降血糖、降血压、降血脂、抗氧化、防衰老、抑菌、抗癌、增强机体免疫力等功能。

四、青钱柳产业现状及发展趋势

（一）产业现状和前景

青钱柳是我国人民在长期的生活实践中发现，经过千百年的经验总结，具有良好的药用、保健、观赏、用材价值。我国对青钱柳研究起步于20世纪80年代，专注于青钱柳的药用与保健功能的开发利用。近10多年呈突飞猛进之势，特别是用青钱柳为原料生产的保健茶获得FDA认证。2013年国家卫健委正式批准青钱柳叶为新食品原料，现今市场上开发的青钱柳保健茶品种多，经济效益较好。浙江省丽水市遂昌县2013年开始栽培，现今发展成规模化种植基地5000多亩，充分利用这一宝贵资源以提高当地农民的经济收入。

青钱柳行业产业化还是处于发展初期，市场前景广阔。具体来看有以下几点：第一，青钱柳的目标市场较大，随着生活条件提高，“三高”人群增长迅猛，切合青钱柳的主打功能，未来市场对青钱柳的需求会越来越大。第二，青钱柳产业发展迅速，且市场还是处于快速上升的状态。第三，青钱柳的加工产品（青钱柳浓缩粉、饮料等）目前是一个刚刚起步的市场，前景良好。

（二）产业发展主要问题

1. 质量体系不健全

青钱柳叶具有很好的保健和药用功能，市场应用广泛，但因缺乏青钱柳叶质量标准，无法客观地评价以青钱柳叶为原料的产品质量，产品质量良莠不齐。目前青钱柳作为药用的仅有《贵州省中药、民族药药材标准》《安徽省的中药炮制规范》收载，其他地方中药标准以及《中国药典》（2020版）均未收载为药用，这样就大大限制了青钱柳的应用范围，全国除安徽外无法在医院使用。

2. 产业链体系不完善

青钱柳产业以农业种植和原料初级加工为主，精深产品科技含量不高，附加值低；欠缺大企业、龙头企业带动，宣传力度远远不够，青钱柳品牌效应不显著，急需创新驱动产业发展，需大力培育知名品牌。

五、青钱柳生物学特性

（一）形态学特征

青钱柳为乔木，高达10～30m；树皮灰色；枝条黑褐色，具灰黄色皮孔。小叶纸质；杞侧生小叶近于对生或互生，基部歪斜，阔楔形至近圆形，顶端钝或急尖、稀渐尖；顶生小叶具长约1cm的小叶柄，长椭圆形至长椭圆状披针形；叶缘具锐锯齿。雄性葇荑花序长7～18cm，3条或稀2～4条成一束生于长3～5mm的总梗上，总梗自1年生枝条的叶痕腋内生出；花序轴密被短柔毛及盾状着生的腺体。雄花具长约1mm的花梗。雌性柔荑花序单独顶生，花序轴常密被短柔毛，老时毛常脱落而成无毛，在其下端不生雌花的部分常有1长约1cm的被锈褐色毛的鳞片。果实中部围有水平方向的径达2.5～6cm的革质圆盘状翅，顶端具4枚宿存的花被片及花柱。花期4～5月，果期7～9月。

青钱柳花果外形见图9-2。

图9-2 青钱柳花、果

（二）**适生环境**

青钱柳为落叶大乔木，树干通直，常处林分林冠上层，自然整枝良好。分布范围广，多生于海拔420～1100m（东部）或420～2500m（西部）的山区、溪谷、林缘、林内或石灰岩山地。青钱柳大树喜光，幼苗幼树稍耐阴，喜生于温暖、湿润、肥沃、排水良好的酸性红壤、黄红壤之上。青钱柳常与银鹊树、大叶楠、青冈、紫楠、浙江柿、香槐、柳杉、四照花、天竺桂等混生，组成常绿与落叶阔叶林群落。在青钱柳的分布区，由于种子发芽率低，其天然更新能力较弱，很难找到幼树幼苗，通常是通过人工进行育苗。

（三）**生长发育规律**

青钱柳在自然状态下，随着不同海拔高度的温度差异及不同的生态环境，其物候期略有差别。一般3月上旬萌芽，5～6月开花，9月挂果，如古铜钱，约10个果实串生在一起，层层叠叠，颜色碧绿。

第二节　青钱柳繁育技术

一、种子的采收

选择干形好、生长健壮、无病虫害危害的母株，10月中下旬至11月中上旬待果实由青转黄时进行采种。选择黄褐色成熟的翅果晒干，搓碎果翅，扬净；清水选种，取下沉种子晾干备用。

二、种子处理

用98%浓硫酸浸泡种子，每隔1h搅动一次。千粒重与浸泡时间应符合表9-1的规定。处理后滤出种子，流水冲洗搓去表面黑色碳化物，再将种子在清澈的流水下冲洗48h，彻底冲净硫酸。规范处理浓硫酸残液及冲洗种子的废水，防止环境污染。

表9-1 不同千粒重种子的浸泡时间

千粒重/g	浸泡时间/h
130 ~ 150	6 ~ 7
150 ~ 170	7 ~ 8
170 ~ 190	8 ~ 10

层积催芽：酸蚀后的种子用500mg/L赤霉素溶液浸种48h，每天搅动2 ~ 3次。用500mg/L赤霉素溶液拌沙，沙子湿度以手握成团但不滴水为宜，将湿沙与种子按体积3：1混合。

混沙后的种子置于室内，抹平后表面盖上2cm厚的湿沙。保持室内温度0 ~ 6℃，湿度55% ~ 60%。每天观察温湿度和表层沙子湿度，表面沙子发白用喷雾器喷水调节湿度，沙子湿度以手握成团但不滴水为宜。

青钱柳种子处理见图9-3。

（1）酸蚀处理

（2）层积处理

图9-3 青钱柳种子处理

第三节 青钱柳种苗生产技术

一、苗圃地选择及整地

宜选择交通方便、地势平坦、排灌通畅、土层深厚、肥沃、微酸性沙质壤土。冬季土壤封冻前翻耕，整地深度≥30cm。冬季冰冻前，结合整地施基肥。以有机肥为主，充分腐熟农家肥或有机肥1500 ~ 2000kg/hm^2，饼肥1200kg/hm^2，配施钙镁磷肥

375kg/hm^2，翻耕深25～30cm。翌年播种前精耕细作后作床。圃地四周开挖排水沟，宽度50～60cm。翌年春季播种前精细整地。床高25～30cm，宽100～120cm，步道宽35～40cm。

二、播种

2月下旬至3月中旬，日均温≥15℃，地温≥10℃。采用条播，行距25～30cm，沟深3～5cm，沟宽2～3cm。将经过层积处理的种子均匀撒入播种沟内，覆土1～2cm，轻轻镇压，床面覆盖2～3cm稻草或其他覆盖物，浇透水。

三、苗期管理

青钱柳苗期管理见图9-4。播种后30～40d，待幼苗基本出齐，分两次揭除覆盖物，间隔约5d。幼苗长高至7～10cm开始间苗和补苗，苗木株距为20～25cm。6月底定苗，留苗量10000～12000株/亩。中耕除草以人工除草为主，结合除草进行松土。出苗期和幼苗生长初期多次适量浇灌，保持床面湿润；苗木速生期宜适当增加浇水次数和浇水量；9月中旬开始，逐渐减少浇水次数，维持苗木不干旱即可。苗木速生期追施尿素3.5～5.0kg/亩，分3～5次进行，6月初进行第一次施肥，施肥量先少后多，9月中旬停止追肥。

图9-4 青钱柳苗期管理

四、容器苗培育

选择无纺布容器，规格（口径×高度）为：（8～10）cm×（10～12）cm。基质配制为黄心土：珍珠岩：草炭土：有机肥（有机质≥45%，$N+P_2O_5+K_2O$≥5%）的体积比为2：2：4：2或2：2：3：3。将装好基质的容器整齐摆放到育苗架或铺有聚丙烯塑料地布的苗床上，容器间保留3～5cm间隙。

五、芽苗移植

2月中下旬，将经过层积的种子与湿沙（体积比为1：3）充分混合后撒播于室外沙床上，厚5～8cm，上覆2～3cm沙子。保持床面湿润。待芽苗长至4～7cm高时，选阴天、晴天清晨或傍晚起苗。用竹棍距芽苗基部2cm处斜插入根部，向上用力松动沙子，用手轻轻拨出芽苗，整齐堆放在盛有清水的容器内，用湿毛巾盖好备用。

修剪芽苗根系，保留根长3～4cm。用竹棍在装好基质的容器中心位置左右摇动形成一个小穴，植入芽苗使其根颈部稍低于基质面，用手轻轻按实根部基质。采用喷灌浇透水。用透光率为50%～70%的遮阳网遮阳。9月中旬撤除遮阳网。

六、苗木出圃

（一）起苗和分级

休眠期起苗，修根后进行苗木分级。1年生或2年生的出圃合格苗分两个质量等级，应符合表9-2的规定。

表9-2 青钱柳播种苗苗木质量分级

质量等级	地径/cm	苗高/cm	根系		综合控制指标
			主根长度/cm	≥5cm长I级侧根数/条	
Ⅰ级苗	≥0.8	≥60	≥20	≥10	充分木质化，苗干通直、顶芽饱满、无病虫害。
Ⅱ级苗	0.6～0.8	40～60	15～20	8～10	

（二）假植

宜随挖随种，否则根系之间需覆盖湿土。

第四节 青钱柳种植技术

青钱柳种植主要以叶用林种植为主，主要有林地生态栽培和大田栽培。

一、林地生态栽培

（一）场地选择

青钱柳喜生于温暖、湿润肥沃、排水良好的酸性红壤、黄红壤，选择海拔500～1200m，坡度25°以下的山地，见图9-5。

图9-5 青钱柳坡地种植

（二）整地挖穴

定植前1个月全面清除林地上的乔灌木、藤本和杂草，块状整地。穴距1.5～2.0m，穴宽50cm×50cm，穴深40～50cm，宜错位呈“品”字型挖穴。每穴施充分腐熟农家肥25～30kg，穴内回填表土10cm左右。

（三）定植方法

青钱柳宜在休眠期定植（图9-6），适宜时间为11月底至翌年3月上旬，霜冻期不宜定植。种植前，宜修剪，主干保留25～30cm，刀口用蜡或树胶涂抹封口，用200～500mg/L的生根粉溶液浸根30min。定植回填表土时，树干要直立、根系要舒展，做到“一提二踩”，树苗与土壤要紧实，浇透定根水，然后在树苗周围做成馒头状高墩，保持穴周围土壤湿润，不积水。

图9-6 青钱柳苗定植修剪

（四）保苗补苗

种植1个月后，要对林地进行一次检查，发现枯苗、缺苗，宜在种植季节及时补苗，以保证全苗。

（五）除草及追肥

前三年幼林期，做好除杂灌木、扩穴松土、施肥等工作，肥料以有机肥为主，结合扩穴松土环状根施有机肥。

（六）修剪

每年休眠期进行修剪，宜控制株高2.0m以内，主干高1～1.5m，剪除过密枝、细弱枝和病虫枝。

二、大田栽培

（一）场地选择

青钱柳喜生于温暖、湿润、肥沃、排水良好的酸性红壤、黄红壤，一般海拔为500～1200m。选择排水和透水性良好的大田，新开垦地也可种植，做好起垄和排水沟，预防雨季积水。

（二）**整地挖穴**

全垦整地（图9-7），按株行距（株距1.5～2.0m，行距1.3～1.5m）起垄（垄宽1～1.5m，垄高20～30cm），挖好定植穴，穴径50cm，深40～50cm，错位呈“品”字形挖穴。宜每穴施充分腐熟农家肥25～30kg，穴内回填表土10cm左右。

图9-7 整地挖穴

图9-8 青钱柳栽培

（三）**栽培方法**

青钱柳大田种植日常管理与林地种植相通，见图9-8。

三、病虫防治

青钱柳病虫害少见，主要有蜡蝉。预防为主，综合防治。加强林间检查，及时剪除病虫枝，清除病死株、重病株。

第五节　青钱柳采收和加工方式

一、采摘

（一）**采摘时间**

3月中下旬至10月上旬

（二）**采摘方法**

选择晴天露水干后采收青钱柳叶，3月中下旬采摘长度5cm以内的嫩叶；4月上中旬采摘长度5～8cm叶；4月下旬至5月中旬采摘长度8～15cm轻微木质化叶；5月下旬至9月中旬采摘木质化老叶，每次采收总量控制在全树叶量的50%以内。9月下旬至10月上旬叶色尚未变黄前，保留树冠上部1/10～1/5叶片，其余叶片全部采收。采后宜及时运抵加工场所。

二、产地加工

以青钱柳叶片为原料，尤其嫩叶最佳，可加工成青钱柳茶（图9-9），其所含的丰富微量元素被人体吸收，能充分发挥保健作用。

图9-9 青钱柳茶

三、包装贮藏

采用食品级材料密封包装，存放于阴凉干燥通风处。

四、种植效益

林地栽培青钱柳主要投入为林地租金、种苗、人工和肥料，每亩种植150株苗，两年生、三年生及多年生苗价格差异大，按每株15元计算，每亩种苗成本投入2250元。前三年几无产出，整地、除草等人工成本大，加上每年抚育幼苗的肥料，每亩投入1万元，三年开始产出，可采收几十年。亩产青钱柳嫩叶茶15kg，年产青钱柳原叶茶100kg，市场上的青钱柳叶子干品售价为200～500元/kg。年利润1～3万元/亩。

大田栽培青钱柳主要投入为田地租金、种苗、人工和肥料，每亩种植200株苗，按每株15元计算，每亩种苗成本投入3000元。前三年几无产出，且大田种植除草成本大，加上每年抚育幼苗的肥料，每亩投入1万元，三年开始产出。亩产青钱柳嫩叶茶20kg，年产青钱柳原叶茶130kg。市场上青钱柳叶子干品售价为200～500元/kg，年利润1.1～3.5万元/亩。

第六节　青钱柳质量标准及监测

来源：3～10月采收。

性状：青钱柳小叶片多破碎，完整者宽披针形，长5～14cm，宽2～6cm，先端渐尖，基部偏斜，边缘有锯齿，上面灰绿色，下面黄绿色或褐色，有盾状腮体，革质。气清香，味淡。以叶多、色绿、气清香者为佳。

鉴别：

（1）显微鉴别　青钱柳叶粉末为黄绿色至绿褐色。非腺毛单细胞，多碎断，弯曲，完整者长60～130μm，直径10～20μm。草酸钙簇晶较多，单个散在或存在于薄壁细胞中，直径15～30μm，棱角锐尖。上表皮细胞不规则，壁微波状弯曲。下表皮细胞多角形，壁波状弯曲，气孔椭圆形，周围有辐射状纹理，无副卫细胞。腺鳞头部由8个细胞组成，直径约80μm，柄短，由2～3个细胞组成。网纹导管和具缘纹孔导管直径约50μm。纤维成束，细长，直径6～12μm，纹孔稀疏。

（2）薄层色谱鉴别　取本品粉末1g，加25%盐酸溶液–甲醇（1∶4）50mL，加热回流1h，滤过，滤液蒸干，残渣加入乙酸乙酯20mL使溶解，滤过，乙酸乙酯液蒸干，残渣加甲醇1mL溶解，作为供试品溶液。另取槲皮素、山柰酚对照品，加甲醇制成质量浓度为1mg/mL的混合对照品溶液。吸取上述2种溶液各5μL，分别点于同一硅胶G薄层色谱板上，以正己烷–乙酸乙酯–甲酸（7∶6∶1）为展开剂，展开，取出，晾干，喷以三氯化铝乙醇试液，105℃加热2min，置紫外光灯（365nm）下检视。供试品色谱中，在与对照品色谱相应的位置上，显相同颜色的荧光斑点。

检查：水分按《中国药典》（2020版）水分测定法中的甲苯法检查。水分限度定为不得过10.0%。总灰分按《中国药典》（2020版）灰分测定法中的总灰分测定法检查。总灰分限度定为不得过13.0%。

参考文献

［1］程文亮，李建良，何伯伟，等. 浙江丽水药物志［M］. 北京：中国农业科学技术出版社，2014.

［2］中国科学院中国植物志编辑委员会. 中国植物志［M］. 北京：科学出版社，1979.

［3］谢雪姣，刘国华，武青庭，等. 青钱柳主要化学成分研究进展［J］. 江西中医药，2017，48（12）：78-80.

［4］马开，田萍，张薇，等. 青钱柳叶HPLC指纹图谱研究及9个成分定量分析［J］. 中药材，2018，41（8）：1904-1909.

［5］唐梅，赵立春，扈芷怡，等. 青钱柳化学成分及药理作用研究进展［J］. 国际药学研究杂志，2017，44（9）：851-859.

［6］邹荣灿，吴少锦，张妮，等. 青钱柳的分布、化学成分及药理作用研究进展［J］. 中国药房，2017，28（31）：4449-4451.

［7］柳海燕，秦安琦，肖建中，等. 青钱柳的生物活性成分及其药用价值［J］. 丽水学院学报，2019，41（2）：36-43.

［8］温晓梨，蔡芳燕.青钱柳药理活性研究进展［J］. 亚太传统医药，2017，13（20）：88-90.

［9］陈毓，陈巍，李锋涛，等. 青钱柳化学成分及药理作用研究进展［J］. 畜牧与饲料科学，2019，40（12）：61-63.

［10］雷土荣，方水强，钟建军，等. 青钱柳综合利用及播种育苗造林技术［J］. 安徽农学通报，2010，16（8）：94+150.

［11］DB 3311/T160—2020，青钱柳叶用林栽培技术规程［S］.

［12］吴琳琳，姚文丽，罗奕，等. 10个采收期青钱柳HPLC指纹图谱建立及4种成分测定［J］. 中成药，2017，39（2）：347-352.

［13］蒋向辉，苑静，祝军委，等. 青钱柳采后加工及提取方法对青钱柳总皂苷含量的影响［J］. 北方园艺，2014（23）：120-123.

［14］毛菊华，余华丽，陈张金，等. 青钱柳叶质量控制方法研究［J］. 中国现代中药，2021，23（03）：453-456.

第十章 食凉茶

第一节 食凉茶概况

一、食凉茶植物来源

食凉茶基原植物为柳叶蜡梅（*Chimonanthus salicifolius* S. Y. Hu）或浙江蜡梅（*Chimonanthus zhejiangensis* M. C. Liu），见图10–1，是蜡梅科蜡梅属植物，以畲族习用药材名义收载于2015年版《浙江省中药炮制规范》。又名食凉餐、食凉青、石凉撑、山蜡茶、黄金茶、香风茶等。柳叶蜡梅2014年被批准为新食品原料，本文的介绍以柳叶蜡梅为主。

（1）柳叶蜡梅　　（2）浙江蜡梅

图10–1 蜡梅

二、食凉茶资源分布

柳叶蜡梅主要分布于浙江丽水、衢州、金华，江西上饶，安徽寿宁等。浙江蜡梅主要产自浙江的龙泉、庆元、遂昌、松阳、云和、青田、平阳和福建等地。

三、食凉茶成分和功效

食凉茶的化学成分研究发现柳叶蜡梅的总挥发油含量较高（可达2%），以烯烃类物质为主，其次是有机酸类、醇类、酯类、酮类等，主要化学成分有桉油精、冰片、乙酸冰片酯、香橙烯、(*E*, *E*) –金合欢醇、1，8–桉叶素、*β*–蒎烯、*α*–萜品烯醇、芳樟醇、反式石竹烯、榄香醇、*α*–桉油醇、*β*–桉油醇等。此外，还富含萜类、黄酮类、香豆素类、生物碱和甾体等非挥发性化学成分和多种维生素、微量元素和氨基酸等营养成分。

浙江省中药炮制规范记载：食凉茶凉，微苦、辛。归肺、脾、胃经。具有祛风解表、清热解毒、理气健脾、消导止泻的功效，主治风热表证、脾虚食滞、泄泻、胃脘痛、吞酸等症状。临床主要用于治疗因感受风寒引起的肚痛、肚胀、腹泻，或因饮食不当而引起的消化不良、腹部胀痛等症，还用于防治感冒和流行性感冒，民间使用发现其具有良好的降脂降糖作用。柳叶蜡梅还具有抗菌、抗炎、止泻、降压降脂、抗肿瘤等活性。

四、食凉茶产业现状及发展趋势

（一）产业现状和前景

畲药是浙江省中药材中具有鲜明地方特色和民族特色的特殊产品。食凉茶被评为“畲药第一味”，目前产业属于起步阶段，国内外市场需求量不断上升，市场缺口逐年加大。2014年4月，国家卫计委根据《中华人民共和国食品安全法》和《新食品原料安全性审查管理办法》有关规定，批准了食凉茶为新食品原料，使其在食品方面的深加工研发与后续营销有了法律许可，更为食凉茶的规模化种植、工业化生产和深加工开发开辟了广阔的发展空间。2015年版《浙江省炮制规范》将食凉茶以畲族习用药名义收录，为食凉茶药用开发与推广奠定了基础。目前已在食凉茶的资源保护、品种筛选、种植规范、活性成分、药理作用及精深产品加工方面取得阶段性成果。据不完全统计，食凉茶的种植面积已近千亩。食凉茶的产业化发展完全符合生物医药大健康产业和生态精品现代农业的发展战略。

食凉茶行业产业化还是处于发展初期，市场需求量大，前景广阔，有以下几点：第一，随着健康观念的深入，食补药补融合，作为药食两用的食凉茶市场需求较大。第二，种植繁育技术的突破，为产业发展奠定基础，尤其是食凉茶地方标准等的实施，为生产规范提供依据。第三，食凉茶精深加工产品（食凉茶珠茶、配方颗粒、含片等）的研发投产，扩大了食凉茶市场。

野生食凉茶在自然状态下，结种率和种子萌发率低，目前食用习惯仍以采用野生资源为主，导致野生资源压力大。

（二）产业发展主要问题

1. 种源混杂

食凉茶基原植物有两种，且在分布地均有食用习惯，加之近缘种多，分类学不易区分等导致种源混杂，产品质量难以保证。

2．产业链不成熟

食凉茶产业以种植和原料初级加工为主，产品附加值低，精深加工产品较少，市场占有率低，且食凉茶市场流通品名较多（黄金茶、山蜡梅茶、香风茶等），大多数以地方习用名流通，导致其他地区的消费者对食凉茶的认知度不高，产品宣传力度小等，急需开展产品创新和品牌培育。

五、柳叶蜡梅生物学特性

（一）形态学特征

柳叶蜡梅（图10-2）为半常绿灌木，高达3m。小枝细，被硬毛。叶对生，叶片纸质或薄革质，呈长椭圆形、长卵状披针形、线状及披针形，长2～16cm，先端钝或渐尖，基本楔形，全缘，上面粗糙，下面灰绿色，有白粉，被柔毛；叶柄被短毛，花单生叶腋，稀双生，淡黄色；花被片15～17片，外花被数片，椭圆形，边缘及背部被柔毛，中部花被片线状长披针形，先端长尖，被疏柔毛，内花被片披针形，长卵状椭圆形，雄蕊4～5枚，心皮6～8个。果托梨形，长2.3～3.6cm，先端收缩，瘦果长1～1.4cm，深褐色，被疏毛，果脐平。

（1）花　　（2）果

图10-2 柳叶蜡梅

（二）适生环境

柳叶蜡梅主要生于丘陵、山地灌木丛中或稀疏林内，尤其喜欢生长在石壁下、土质松散的地带。对光照的要求随着树龄的不同而变化，幼苗喜阴，需要70%～80%的荫蔽，忌烈日直射，在荫蔽条件下生长快，在强光下生长受抑制，成龄树在较多阳光下才能正常生长。生长适宜温度为12～35℃，最适宜温度为18～30℃。植株在月平均气温12℃以上才开始生长，12℃以下生长缓慢，–10℃低温未见冻害。该植物能耐–15℃的短期低温。

（三）生长发育规律

柳叶蜡梅在每年3月底开始萌芽，4～9月生长速度比较快，植株生长旺盛，株高、地径、鲜重都明显增长，进入10月份，柳叶蜡梅生长变缓，11月份叶片开始脱落，植株叶腋处开出淡黄色小花，花期11～1月，果期翌年5月。

第二节　食凉茶繁育技术

柳叶蜡梅是多年生深根性灌木，萌芽力强，分蘖多，栽后投产年份长。柳叶蜡梅的繁殖和栽培主要分为随采即播和春播为主的种子播种繁殖及嫁接、扦插、分株等无性繁殖两种方式。

一、种子播种

柳叶蜡梅的种子（图10-3）种皮坚硬，表面有一蜡质层妨碍种子吸水膨胀，因此种子播种前需要进行处理。

（一）秋播时的处理

随采随播：温水浸种，始温60℃，自然冷却后浸种72h，其间每隔24h换水1次，将种子捞起晾干表面水分，置于沙床催芽。用细河沙做沙床，密播1层种子后，盖上1cm左右厚的细沙，淋湿沙床后覆盖农用薄膜。有少量种子出芽后即移去薄膜。此项处理种子发芽时间参差不齐，最迟到第二年7、8月仍有发芽，发芽率约80%。

层积处理：在露天挖坑，坑底垫砖块，坑内放木箱。将河沙与种子分层堆放或放于木箱内，河沙湿度以手捏成团为宜。木箱四周用土填实，上盖15～20cm厚湿沙，四周开排水沟，上盖草帘。也可以在室内砌砖坑，层积或混堆于砖坑中，覆盖稍厚河沙，待大多数种子露白时即可播种。若播种期已到，大多数种子仍未露白，可在播种

图10-3 柳叶蜡梅种子及幼苗

前用20℃温水浸种24～36h，中间换水1次，捞出后晾干至种子间不粘连即可播种，发芽率60%～70%（图10-4）。

图10-4 柳叶蜡梅实生苗

（二）**春播时的处理**

一般方法：将种子和干沙混合，装在口袋中揉搓，以破坏其种皮的蜡质层，再把种子筛出。然后用40～60℃的温水浸种（种子：水比例为1：2），浸种时间4～5d，中间需换凉水3～4次，使种子充分吸水膨胀，发芽率60%～75%。

碱性溶液处理法：将干藏的种子用60℃的热水浸种，数分钟后，将水温控制在40～50℃；用氨水（1：50）或碱与水（1：100）或少量的加酶洗衣粉，加入后搅动数分钟，当碱或洗衣粉全部溶解时即可停止搅动，然后每隔3～4h时搅动1次，经过24h左右，当种子表面的蜡质层可以搓掉时，流水洗净再浸种催芽，发芽率75%以上。

酸性溶液处理法：用98%浓硫酸处理干藏的种子0.5～1h，然后流水洗净，再用40℃温水浸泡72～86h，其间用20℃左右清水换洗几次，发芽率60%～70%。

赤霉素处理：将干藏的种子用40～60℃的热水浸种30min左右，捞出的种子置于0.02%赤霉素溶液中浸泡24h，捞出晾干立即播种。赤霉素溶液可取市售赤霉素粉剂20mg/包，加少许75%酒精溶解后，加蒸馏水（或冷开水）至1000mL。发芽率达75%以上。

二、扦插繁殖技术

（一）**扦插时间**

4～6月和10月。

（二）**扦插方法**

选择生长健壮无病虫害的半木质化枝条，剪成具有2～3对叶的插穗，扦插前用吲哚乙酸（IAA）2000mg/L在插穗基部速浸10s，按株行距5cm×10cm扦插到珍珠岩插床上，见图10-5。

图10-5 柳叶蜡梅种苗扦插繁育

（三）扦插后抚育管理

扦插后要立即覆盖遮光率为70%的遮阳网，1个月内，白天2h喷水1次，生根（30d）至出圃前4h喷水1次，并每周用0.25%尿素液肥进行一次叶面喷施。扦插60d后揭除遮阳网。

三、分株繁殖技术

该方法简单、可靠，较为常用。柳叶蜡梅一般根际周围萌蘖性强，将带根的萌蘖植株从母体上用利刀或钢锯分开移栽，分株时尽可能多带须根，一般可在9～10月或3～4月进行，分株繁殖成活率可在90%以上。

第三节　食凉茶种苗生产技术

一、播种

选择土层深厚、排水良好的沙壤土作苗圃地，施有机肥作底肥。整地深耕25～30cm，达到地平、土碎，除去石块、草根。苗床高20cm、宽60cm，由南而北自定长度。苗床整平后打小宕，每排3个，每行间隔18cm。用0.5%高锰酸钾消毒床面并及时覆盖地膜，两天后掀开地膜即可播种。每小宕播两粒饱满种子，播后盖上草木灰厚约2cm，以不见种子为度，稍压平后，盖稻草保墒。播后用水泡沟，水不宜深，让苗床慢慢润湿，两天后放去泡沟水。夏播，采种后一星期即播；春播在3月。播后约30d出苗，出苗后揭草。

二、幼苗管理

春播出苗后种苗的根系分布很浅，要常喷水，保持苗床湿润。4～7月每半月拔草一次，拔草时避免将幼苗带出，结合除草、松土、补苗（每宕只留1株壮苗），初期施稀薄人粪尿，每10d一次，连施两次；5～6月后，可施尿素，每亩施5kg（兑水500kg）浇施，20d浇一次，连浇3次；8月底以后停止施肥，以利于种苗木质化。夏播出苗后，要注意浇灌保湿，做好松土、除草工作，一周后可施1%的氮肥，每亩施3kg。

三、定型修剪

通过打破种苗顶端优势，刺激腋芽萌发，促进侧枝生长，达到增加分枝、培养骨架、塑造树形的目的。一般进行两次定型修剪，第一次在定植后进行，距地25～30cm剪去顶端，第二次高度为距地45～50cm。

第四节　食凉茶种植技术

种植模式主要包括林地生态栽培（图10-6）和大田栽培两种。

图10-6 柳叶蜡梅林地生态种植

一、林地生态栽培

（一）场地选择

柳叶蜡梅主要生长在河谷两岸常绿林下狭长沟地或林缘，为浅积性耐阴树种，喜温暖湿润气候，有一定的耐寒力，对土壤要求不严，喜石灰质土壤，微酸性或中性肥沃土壤生长良好，喜湿润，忌水，雨水过多可引起根腐叶烂，过于干旱地带，植株生长势差。在年降雨量1200～1800mm，空气相对湿度70%左右的地区，则生长发育良好。以排水和透水性良好、土层疏松深厚、肥沃湿润、土壤pH为5.5～6.5的泥灰岩土壤、或富含腐殖质的沙质壤土为好。

（二）整地挖穴

10°以下坡地种植的，全垦整地，坡度在10°以上的可开垦成水平带。按株行距（株距1.1～1.3m，行距1.3～1.5m）挖好定植穴，穴径40cm，深40cm，每穴施入有机肥1～2kg，并与土拌匀。

（三）种植方法

每年3～4月或10～11月，选择30cm以上生长健壮的成品苗，将苗下部侧枝和叶片剪除后放入定植穴。定植应避开中午高温强光时段。栽植时，先将表土垫于穴底与基肥混匀，根系舒展，泥土分层压实，浇足定根水，待水渗完后再覆土，在植株周围培成龟背形。

（四）保苗补苗

栽种初期，如遇干旱天气及时浇水保苗，保持土壤湿润。久雨不晴，应及时排除积水。植后次年3、4月份，及时补苗。

（五）除草

5月和11月各进行一次人工除草，除草时应避免伤及根系。

（六）追肥

种植后遇干旱应浇水保苗，种苗定植时施腐熟有机肥，亩施500kg，生长过程中每年5月和11月修剪后各施一次有机肥，每次亩施有机肥300kg。肥料使用应符合NY/T 394—2013《绿色食品　肥料使用准则》的规定。

（七）**修剪**（图10-7）

（1）修剪时间　5月或11月进行修剪。

（2）留茬高度　5月修剪留茬高度40cm，11月修剪留茬高度20cm。

（3）修剪方法　用修剪机进行修剪，同时将病虫枝条、弱枝和过密的枝条剪除。

（1）修剪　（2）修剪后抽芽

图10-7 柳叶蜡梅修剪和修剪后抽芽

二、大田栽培

（一）**场地选择**

柳叶蜡梅对土壤要求不严，喜石灰质土壤，微酸性或中性肥沃土壤，喜湿润，忌水，雨水过多易引起根腐叶烂，过于干旱则植株生长势差。选择排水和透水性良好的大田，泥灰岩土壤或富含腐殖质的沙质壤土为好，做好起垄和排水沟疏通，预防雨季积水。

（二）**整地挖穴**

全垦整地，按株行距（株距1.1~1.3m，行距1.3～1.5m）起垄（垄宽1～1.5m，垄高20～30cm），挖好定植穴，穴径40cm，深40cm，每穴施入有机肥1～2kg，并与土拌匀，见图10–8。

（三）**栽培方法**

柳叶蜡梅大田种植日常管理与林地种植相通。

柳叶蜡梅大田栽培见图10–9。

三、病虫防治

柳叶蜡梅病虫危害少，仅有少量白蚁。目前没有登记的对口农药，应以农业防治为主，清洁田园，合理施肥，拔除病株等。

图10-8 大田起垄定穴

图10-9 柳叶蜡梅大田栽培

第五节　食凉茶采收和加工方式

一、采收条件及方法

4月下旬至5月采摘长度6cm以内的一芽一叶或一芽二叶用于茶制品加工；7～10月采摘老叶用于食品、保健品和药材深加工（表10-1），剔除枯叶、茎梗、杂质，盛装工具以透气性好的竹篓、筐为宜，不紧压，采后及时送至加工厂。

表10-1　柳叶蜡梅不同修剪时间及食药用途分述表

处理＼月份	3月	4月	5月	6月	7月	8月	9月	10月	11月	12月	1月	2月
	萌芽生长期				生长成熟期				休眠期			
冬季修剪	食用（制珠茶）				药用（制中药饮片）					修枝留茬20cm		
夏季修剪	食用（制珠茶）			修枝留茬20cm		药用（制中药饮片）						

二、产地加工

茶制品的加工要经过摊放、杀青、揉捻、做形、拣剔、干燥等工序。食品、保健品和药材深加工要经过去杂、抢水洗、切段、阴干或低温干燥等工序。

三、包装贮藏

采用食品级材料密封包装，存放于阴凉干燥通风处。

四、种植效益

林地栽培食凉茶主要的投入为林地租金、种苗、人工和肥料，林地租金相对大田较低，每亩种植400株苗，按每株5元计算，每亩种苗成本投入2000元。第一年清理林地人工成本相对较高，加上肥料等，每亩投入6000元，第二年开始肥料、人工等每亩投入3000元左右，两年开始产出，可采收几十年。珠茶200元/kg，年产量约为40kg/亩，中药饮片40元/kg，年产量约为200kg/亩，则第一年年收入为1.6万元/亩，平均利润为1万元/亩（两年平均利润）。

大田栽培食凉茶主要投入为田地租金、种苗、人工和肥料，大田租金较林地相对较高，人工除草成本较林地较高，每亩种植400株苗，按每株5元计算，每亩种苗成本投入2000元。第一年肥料、人工等每亩投入5000元，第二年开始肥料、人工等每亩投入3500元左右，两年开始产出，可采收几十年。珠茶200元/kg，年产量约为40kg/亩，中药饮片40元/kg，年产量约为250kg/亩，则年收入为1.8万元/亩，第一年利润为1.1万元/亩，第二年利润为1.25万元/亩。

第六节　食凉茶质量标准及监测

来源：夏秋两季叶茂盛时采收。

性状：呈长短不一的段片状，纸质或微革质。多皱缩，展开后宽1～4.5cm。叶基部分带有细小叶柄。表面灰绿色、黄绿色或浅棕绿色，先端钝尖或渐尖，基部楔形，全缘，两面粗糙，叶背具白粉，叶脉及叶柄被短毛。质脆，搓之易碎。气清香，味微苦而辛凉。

鉴别：

（1）显微鉴别　上表皮细胞略扁平，外壁有时可见孔沟，被角质层，下表皮细胞较小，外壁增厚，可见气孔；下表皮单细胞非腺毛众多，壁厚，上表皮也可见单细胞非腺毛。栅栏组织由2～3列短柱状细胞组成，海绵组织中散有多数油细胞。导管主为网纹导管。

（2）薄层鉴别　选择以芦丁为黄酮类成分薄层色谱鉴别的指标性成分。参照《中国药典》（2020版）一枝黄花、贯叶金丝桃、槐花的薄层色谱鉴别方法，发现所采用的方法与展开系统操作简便，斑点清晰；选择桉油精为挥发油薄层色谱的指标性成分，参考《中国药典》（2020版）豆蔻鉴别项下桉油精薄层色谱鉴别，该品种的供试品溶液的制备方法为以正己烷为接收剂的传统的水蒸气蒸馏，提取繁琐，不易于操作。尝试多种易溶解桉油精的溶剂提取，发现以乙酸乙酯冷浸过夜后超声提取效果为佳。展开系统采用豆蔻鉴别项下的方法，分离效果良好。

检查：水分按《中国药典》（2020版）水分测定法中的甲苯法检查，水分限度定为不得过12.0%。总灰分按《中国药典》（2020版）灰分测定法中的总灰分测定法检查，总灰分限度定为不得过11.0%。

参考文献

[1] 浙江省食品药品监督管理局. 浙江省中药炮制规范 [M]. 北京：中国科技医药出版社，2015.

[2] 雷后兴，李水福. 中国畲族医药学 [M]. 北京：中国中医药出版社，2007.

[3] 程文亮，李建良，何伯伟，等. 浙江丽水药物志 [M]. 北京：中国农业科学技术出版社，2014.

[4] 李阳春，孙静芸，盛春，等. 柳叶蜡梅挥发油GC指纹图谱研究 [J]. 中成药，2008，30（8）：1190–1192.

[5] 毛菊华，王伟影，程科军，等. 畲药食凉茶中三种黄酮类成分含量测定的方法学研究 [J]. 中国药师，2014，17（11）：1808–1810.

[6] 史小娟，潘心禾，张新凤，等. 柳叶蜡梅叶挥发性成分的提取及GC–MS分析 [J]. 中国实验方剂学杂志，2011，17（9）：129–132.

[7] 孙丽仁，何明珍，冯育林，等. 山蜡梅叶的化学成分研究 [J]. 中草药，2009，40（8）：1214–1216.

[8] 潘心禾，史小娟，张新凤，等. 柳叶蜡梅化学成分及其抗氧化活性研究 [J]. 中国实验方剂学杂志，2012，18（1）：99–102.

[9] Toshio M, Yusuke N, Kiyofumi N, et al. Dimeric pyrrolidinoindoline–type alkaloids with melanogenesis inhibitory activity in flower buds of *Chimonanthus praecox* [J]. J Nat Med, 2014, 68:539–549.

[10] 章瑶，华金渭，王秀艳，等. 柳叶蜡梅叶氯仿部位化学成分的研究 [J]. 中国中药杂志，2013，38（16）：2661–2664.

[11] Li QJ, Wang ML, Yang XS, et al. Two new coumarin glycosides from *Chimonanthus nitens* [J]. J Asian Nat Prod Res, 2013，15 (3):270–275.

[12] Wang KW，Li D，WU B，et al. New cytotoxic dimeric and trimeric coumarins from *Chimonanthus salicifolius* [J]. Phytochem Lett，2016，16:115–120.

[13] Li D, Jiang YY, Jin ZM, et al. Isolation and absolute configurations of diastereomers of 8*α*–hydroxy–T–muurolol and (1*α*，6*β*，7*β*)–cadinane–4–en–8*α*, 10*α*–diol from *Chimonanthus salicifolius* [J]. Phytochemistry, 2016, 122:294–300.

[14] 贺建云，王斌，杨天鸣. 食凉茶中挥发油成分分析 [J]. 化学与生物工程，2010，27（4）：85–88.

[15] 温慧萍，雷伟敏，吴宇锋，等. 柳叶蜡梅茎叶水提物的“消导止泻”研究 [J]. 中国现代中药，2013，15（11）：943–946.

[16] 国家医药管理局中草药情报中心站. 植物药有效成分手册 [M]. 北京：人民卫生出版社，1986.

[17] 陈鹭颖，刘锡钧. 山蜡梅对小鼠的减肥作用 [J]. 海峡药学，2002，14（5）：30–33.

[18] 陈斐. 柳叶蜡梅提取物抑制HeLa细胞生长及诱导细胞凋亡的研究 [D]. 杭州：

浙江大学，2010.
[19] 程科军，李水福. 整合畲药学[M]. 北京：中国科学出版社，2007.
[20] 中国科学院中国植物志编辑委员会. 中国植物志[M]. 第23卷. 第1册. 北京：科学出版社，1998.
[21] 刘南祥，程文亮，李建良，等. 畲药食凉茶标准化种植及加工技术[J]. 现代中药研究与实践，2009，23（4）：8-9.
[22] 王伟影，毛菊华，王发英，等. 基于一测多评法研究畲药食凉茶黄酮类物质动态变化规律[J]. 中草药，2017，48（12）：2532-2537.
[23] 王伟影，毛菊华. 畲药搁公扭根的质量标准研究[J]. 中国现代中药，2016，18（5）：591-594.

第十一章 小香勾

第一节 小香勾概况

一、小香勾植物来源

小香勾基原植物（图11-1）为条叶榕（*Ficus pandurata* Hance var. *angustifolia* Cheng）或全叶榕（*Ficus pandurata* Hance var. *holophylla* Migo），是桑科榕属植物，以畲族习用药材名义收载于2015年版《浙江省中药炮制规范》，又名小康补、牛奶藤、细叶牛奶绳、小攀坡。本文介绍的以条叶榕为主。

（1）条叶榕

（2）全叶榕

图11-1 小香勾基原植物

二、小香勾资源分布

条叶榕生于山坡、路旁、旷野间，分布于浙江、江西、福建、安徽、湖北、湖南、广东、广西、四川等地。全叶榕的分布范围基本与条叶榕一致。

三、小香勾成分和功效

小香勾的化学成分研究发现条叶榕中含有萜类、黄酮类、香豆素类、甾醇、木脂素和生物碱等，尤其富含萜类化合物，此外还有苯酚类、内酯类等化合物和多种维生素、微量元素和氨基酸等营养成分。

《浙江省中药炮制规范》记载：小香勾辛、甘、温，归脾、肾经。主要功效祛风除湿，健脾止泻。用于风湿痹痛、消化不良、小儿疳积、腹泻。此外，小香勾还具有抗炎镇痛、抗肿瘤活性、抗菌活性等方面的作用。

四、小香勾产业现状及发展趋势

（一）产业现状和前景

小香勾最初为畲族人们的习用药材，其知名度受地域限制。2015版《浙江省中药炮制规范》成功收载了小香勾，这对小香勾在浙江省的广泛应用起到了至关重要的作用。小香勾在民间认为是药食两用品种，智慧的人们善于就地取材，浙西南地区的人们时常添加小香勾与鸡、猪脚等荤菜一起烹制，能使熬制的汤汁更加鲜美，同时能降低菜的油腻性。在食用这些美食的同时，善于总结与发现的畲族人民，渐渐体会到了小香勾对小儿积食、消化不良、腹泻、祛风除湿的药用价值，正是小香勾的药食两用性，使其日常使用频率越来越高。目前已在小香勾的资源保护、品种筛选、种植规范、活性成分、药理作用及精深产品加工方面取得阶段性成果。

小香勾产业化还是处于发展初期，市场需求量大，前景广阔，有以下几点：第一，随着大健康观念的深入，食补药补融合，作为民间药食两用的小香勾目标市场较大。第二，种植繁育技术的突破，为产业发展奠定基础。第三，野生资源迅速缩减，人工种植迫在眉睫，市场潜力较大。

（二）产业发展主要问题

种源混杂：小香勾基原植物有两种，但近缘种多，分类学不易区分等导致种源混杂，产品质量难以保证。

药食产业链不成熟：目前小香勾食用尚未经新资源食品批准因而无标准，亟待做安全性等各方面工作。小香勾产业以种植和原料初级加工为主，产品附加值低，且小香勾品名较多（牛奶藤、细叶牛奶绳、小攀坡等），使用以地方习用名为主，导致其他地区的消费者对小香勾的认知度不高等。

五、小香勾生物学特性

（一）形态学特征

条叶榕为落叶小灌木，高0.5～1.5m，小枝，叶柄幼时被白短柔毛，后期变为无毛。叶片厚纸质，狭披针形或线状披针形，长3～13cm，宽1～2.2cm，先端渐尖，基部圆形或楔形，上面无毛，下面仅脉上有疏毛，有小乳突，叶柄长3～5mm，疏被糙毛；托叶披针形，无毛，迟落。隐头花序单生叶腋，隐花果（图11-2）椭圆形或球形，直径5～10mm，成熟时红色。花期5～7月，果期9～11月。

（二）**适生环境**

条叶榕生于山沟水边，灌丛林下，田埂石缝，路边旷野处，在我国东南部各省常见。对光照的要求不高，喜阴，在荫蔽条件下生长快，生长适宜温度为12～37℃，最适宜温度为18～35℃。植株在月平均气温10℃以上才开始生长，10℃以下生长缓慢，零下低温未见冻害。

图11-2 条叶榕果

（三）**生长发育规律**

条叶榕在每年3月开始萌芽，4～9月生长速度比较快，植株生长旺盛，株高、地径、鲜重都明显增长，进入10月份，条叶榕生长变缓，11月份开始，叶片开始变化脱落。

第二节　条叶榕繁育方法

条叶榕是多年生深根性灌木，萌芽力强，分蘖多。繁殖和栽培主要分为扦插（图11-3）、压条等无性繁殖方式。

一、扦插繁殖技术

（一）**扦插时间**

3～9月。

（二）**扦插方法**

选择生长健壮无病虫害的一年生或两年生枝条，剪成具有1～2对叶的插穗，将插穗基部在浓度为500mg/L的萘乙酸（NAA）中浸泡5～10min，再按株行距5cm×10cm扦插到珍珠岩苗床上。

（三）**扦插后抚育管理**

扦插后覆盖遮光率70%的荫网，20d内，白天1h喷水1次，生根（20d）至出圃前4h喷水1次，并每10d用0.25%尿素液肥进行一次叶面喷施。扦插40d后揭除遮阳网并准备出圃。

条叶榕苗圃抚育见图11-4。

图11-3 条叶榕扦插苗

图11-4 条叶榕苗圃抚育

二、压条繁殖技术

压条（图11-5）方法主要有两种，即苗木压条和利用母株基部枝条进行压条，后者成活率显著高于前者。具体方法为：选择母株基部枝条（80cm以上），在距母株基部5～10cm处挖沟，用土把枝条压入沟内，浇透水，35d后即可与母体分离进行移栽。

图11-5 条叶榕压条繁殖

第三节　小香勾种苗生产技术

一、幼苗管理

扦插苗生根后根系分布浅，要常喷水，保持苗床湿润。4～8月每半月拔草一次，拔草时避免将幼苗（图11-6）带出，结合除草、松土、补苗，初期可施尿素或稀薄人粪尿，每20d一次，连施两次；之后每月施尿素，连浇2次，以利于苗木木质化。

图11-6 条叶榕幼苗

二、定型修剪

通过打破苗顶端优势，刺激腋芽萌发，促进侧枝生长，达到增加分枝、培养骨架、塑造树形的目的。一般进行1次即可。在定植后进行，距地25～30cm剪去顶端。

第四节　小香勾种植技术

人工种植模式主要包括林下生态种植和大田栽培两种。

一、林下生态种植

（一）场地选择

条叶榕主要生于山沟水边，灌丛林下，对光照的要求不高，喜阴喜湿，对土壤要求不严，微酸性或中性肥沃土壤生长良好，过于干旱地带，植株生长叶片变小，侧枝短而多。年降雨量在1200～1800mm，空气相对湿度70%左右的地区生长发育良好。以排水和透水性良好、土层疏松深厚、肥沃湿润、土壤pH为5.5～6.5的沙质壤土或富含腐殖质的沙质壤土为好。油茶林、板栗林、香榧林（图11-7）下均可生态种植。此外，新开垦坡地也适宜种植。

（二）整地挖穴

坡度15°以下坡地种植的，全垦整地，坡度在15°～25°的可开垦成水平带。按株行距（株距0.8～1.0m，行距1.3～1.5m）挖好定植穴，穴径20cm，深20cm，每穴施入有机肥0.5～1kg，并与土拌匀。

图11-7 条叶榕坡地种植及香榧林套种

（三）种植方法

全年可种，选择30cm以上生长健壮的成品苗，将苗下部侧枝和叶片剪除后放入定植穴。定植应避开中午高温强光时段。栽植时，先将表土垫于穴底与基肥混匀，根系舒展，泥土分层压实，浇足定根水，待水渗完后再覆土，在植株周围培成龟背形。

（四）保苗补苗

栽种初期，如遇干旱及时浇水保苗，植后同年11、12月份，及时补苗。

（五）除草

每年5月和9月除草，除草时应避免伤及根系。

（六）追肥

结合中耕除草追肥2次，每次施有机肥200kg/亩。肥料使用应符合NY/T 394—2013《绿色食品　肥料使用准则》的规定。

二、大田栽培

（一）场地选择

条叶榕对土壤要求不严，喜微酸性或中性肥沃土壤，喜湿润，选择排水和透水性良好的大田，泥灰岩土壤、沙质壤土或富含腐殖质的沙质壤土为好，做好起垄和排水沟疏通。

（二）整地挖穴

全垦整地，按株行距（株距0.8～1.0m，行距1.3～1.5m）起垄（垄宽1～1.5m，垄高20～30cm），挖好定植穴，穴径20cm，深20cm，每穴施入有机肥0.5～1kg，并与土拌匀。

（三）栽培方法

条叶榕大田种植（图11-8）日常管理与林地生态种植相似。

图11-8 条叶榕大田种植

三、病害防治

炭疽病防治：每年3～11月可见炭疽病发生，以9月以后最为严重。目前没有登记的对口农药，应以农业防治为主，清洁田园，合理施肥，拔除病株等，但生产上有用农药防治的习惯（附录1）

卷叶蛾虫害防治：卷叶蛾成虫对糖、醋有较强的趋性，成虫白天隐蔽在叶背或草丛中，夜间活动。发生少量时可人工摘除卷叶，将虫体捏死。在成虫发生期，利用糖醋液进行诱杀。

第五节　小香勾采收和加工方式

一、采收条件及方法

小香勾的叶、根、果均有开发价值。每年5～9月，可以采集小香勾的嫩叶，作为一种野菜销售；9月采集小香勾成熟果实和落叶。全年可采收根及茎，除去泥沙，干燥，供药用。

条叶榕采收见图11–9。

图11–9 条叶榕采收

二、产地加工

在10～12月份，可采挖生长2年后的全株或地上部分茎段，经过去杂、抢水洗、切段、阴干或低温干燥等工序。种植若干年后，可以删砍部分枝干，或隔3～5年结合冬季翻耕施肥，在侧向挖取部分地下根切片，随采随用，或晒干销售。在浙南山区还被用作烹制菜肴的调味品、保健品和制果酱。

三、包装贮藏

采用食品级材料密封包装，存放于阴凉干燥通风处。

四、种植效益

林地种植以套种为主，主要投入为种苗、人工和肥料，每亩种植500株苗，按每株1.5元计算，每亩种苗成本投入750元。在套种中，肥料、人工等可均摊到套种林中，第一年其他投入主要是整地起垄，投入1000元，两年后开始产出，可整株挖或割取地上部分。按两年生整株挖产量计算，约为250kg/亩，单价约80元/kg，则年平均收入为1万元/亩（小香勾为两年生采收，年收入则为一次采收后均摊到两年内，所以年收入为：250×80÷2=1万元），年平均利润为0.9万元/亩。

大田栽培主要投入均为田地租金、种苗、人工和肥料，每亩种植600株苗，按每株1.5元计算，每亩种苗成本投入900元。第一年肥料、人工等每亩投入3000元，第二年开始肥料、人工等每亩投入2000元左右，两年后开始产出，可整株挖或割取地上部分。按两年生整株挖产量计算，约为280kg/亩，单价约80元/kg，则年平均收入约为1.1万元/亩，年平均利润为0.8万元/亩。

第六节　小香勾质量标准及监测

来源：为桑科植物条叶榕或全叶榕的干燥根及茎，全年可采收，除去泥沙，干燥。

性状：为不规则形的厚片或圆柱形小段。根外表皮灰棕色至黑褐色，具细小纵皱纹，切面皮层较窄，木部宽广，黄白色，质坚韧，气香特异，味淡。茎外表皮红棕色至棕褐色，有的具灰白色地衣斑，切面可见髓部。气微，味淡。

鉴别：

（1）显微鉴别　粉末黄白色至棕色。淀粉粒甚多，单粒类球形、三角状、卵形或椭圆形，直径4～20μm，脐点点状、裂缝状或人字状；复粒2～6分粒组成。具缘纹孔导管和网纹导管散在。晶纤维较多；草酸钙方晶直径3～15μm。木栓细胞多角形，棕色。

（2）薄层鉴别　补骨脂素为其指标成分。现代研究表明补骨脂素具有抗菌、抗病毒、抗凝血、抑制肿瘤、免疫调节等作用。实验操作具体参照《中国药典》（2020版）补骨脂项下薄层色谱法进行。

检查：水分按《中国药典》（2020版）水分测定法中的烘干法检查，将水分限度定为不得过12.0%。总灰分按《中国药典》（2020版）灰分测定法中的总灰分测定法检查，总灰分限度定为不得过6.0%。

参考文献

［1］浙江省食品药品监督管理局. 浙江省中药炮制规范［M］. 北京：中国科技医药出版社，2015.

［2］雷后兴，李水福. 中国畲族医药学［M］. 北京：中国中医药出版社，2007.

［3］程文亮，李建良，何伯伟，等. 浙江丽水药物志［M］. 北京：中国农业科学技术出版社，2014.

［4］应跃跃. 小香勾营养价值分析及黄酮研究［D］. 杭州：浙江大学，2011.

［5］祁翠翠. 大果榕根的化学成分及其抗骨质疏松活性研究［D］. 海口：海南师范大学，2014.

［6］王喜周，应跃跃，张昊，等. 条叶榕抗炎镇痛作用研究［J］. 陕西中医，2013，34（5）：621–623.

［7］叶一萍，王法明，李慧珍. 畲药小香勾合刺络拔罐治疗急性痛风性关节炎疗效观察［J］. 浙江中医杂志，2013，48（2）：108–109.

［8］程科军，李水福. 整合畲药学［M］. 北京：中国科学出版社，2007.

［9］中国科学院中国植物志编辑委员会. 中国植物志［M］. 第23卷. 第1册. 北京：科学出版社，1998.

［10］华金渭，吉庆勇，朱波，等. 条叶榕扦插繁殖试验研究［J］. 现代农业科技，2015（3）：155+161.

［11］刘传荷，伦璇，夏国华. 条叶榕的组织培养与快速繁殖［J］. 植物生理学通讯，2011，46（6）：601–602.

［12］余华丽，王伟影，毛菊华，等. 畲药小香勾中补骨脂素的定性鉴别与含量测定［J］. 中国药房，2015，26（6）：815–817.

附录一

常见病虫害防治措施

在进行病虫害防治时，要遵循“预防为主，综合防治”的植保方针，优先采用农业防治、物理防治、生物防治，合理使用高效低毒低残留化学农药，将有害生物危害控制在经济允许阈值内。目前多数中药材尚无登记的对口农药，但生产上有用农药防治的习惯，可参考本附录，在防治过程中遇见严重病虫害建议请教有经验的专家、学者及熟练种植户，将种植风险控制到最小。

一、病害防治措施

（一）炭疽病

炭疽病是由胶孢炭疽菌引起的一种病害，在高温多湿、通风不良的条件下发生。症状主要是叶片上出现深褐色和黑褐色病斑，周围由内向外呈圈状的斑纹，严重时导致整株死亡。

农业防治：及时摘除病叶，适当进行疏枝，及时除草，保持栽培园通风。

化学防治：发病前使用波尔多液或多菌灵预防；发病后施用65%代森锌可湿性粉剂500倍液喷雾防治，间隔7～10d，连续2次；也可用甲基托布津、咪鲜胺1000倍液喷植株。

（二）叶斑病、黑斑病、褐斑病

该病害主要由半知菌类真菌引起，主要为小孢拟盘多毛孢菌。发病期一般在4月下旬或5月初，主要危害叶片，初期出现褪色小斑点，以后病斑逐渐扩大，病斑颜色也逐渐加深，后期呈黑褐色的凹陷病斑。该病病斑扩散十分迅速，严重时植株叶片会提早枯萎、脱落，影响生长。

农业防治：及时摘除病叶，适当进行疏枝，及时除草，保持栽培园通风。

化学防治：发病初期用50%咪鲜胺锰盐可湿性粉剂1000～1200倍液、或70%代森锰锌可湿性粉剂500～700倍液或25%咪鲜胺可湿性粉剂1000～1200倍液喷雾，要注意药剂的交替使用，以免病菌产生抗药性。

（三）根腐病

根腐病属真菌性病害，由于根部腐烂，引起植株吸收水分和养分的功能逐渐减弱，最后导致全株死亡。该病为阴雨季节多发病，一般多在3月下旬至4月上旬发病，

5月进入发病盛期。主要表现为整株叶片发黄、枯萎，幼苗生长期更为突出。

农业防治：要适当控制水分，加强光照，加强通风条件，避免连作。

化学防治：使用甲霜恶霉灵、多菌灵等进行土壤消毒；种苗根系用甲霜恶霉灵、多菌灵药液浸泡1h后扦插；发病初期100亿CFU/g的枯草芽孢杆菌1000倍液喷灌防治，间隔7～10d，连续2次；也可用福美双1500倍液灌根处理。

（四）真菌性软腐病

由软腐欧文菌黑茎病变种［*Eruinia carotovora* var. *atroseptica*（Hellmers et Dowson）Dye］、绿色木霉（*Trichoderma viride* Pers. Fr.）、根霉（*Rhizopus* spp.）、曲霉（*Aspergillus* spp.）、毛霉（*Mucor* spp.）、青霉（*Penicillium* spp.）等引起，主要通过昆虫、雨水、农具等造成伤口和植株叶片的水孔、气孔侵染。病症初期叶片表面呈黑褐色斑点，犹如水渍状，继而扩大，危及整张叶片，使叶片迅速软腐，有明显汁液流出，最后造成植株死亡。

化学防治：可用72%农用链霉素可溶性粉剂3000～4000倍液，30%甲霜恶霉灵800倍液或90%新植霉素可溶性粉剂3000～4000倍液喷雾防治，一般每隔7～10d喷1次，连喷1～3次。

（五）细菌性软腐病

细菌性软腐病主要危害鳞茎、茎干。

防治方法：鳞茎栽植前用0.3%硫酸铜液浸泡30min，用水洗净，晾干后种植。每隔半月喷50%多菌灵可湿性粉剂500倍液防治。发病初期用50%苯来特2500倍液喷洒。主要措施是防止土壤积水。

（六）茎枯病

茎枯病也是一种真菌性病害，初发于茎部表皮或茎基部表皮，病菌侵入茎心及髓部，导致病部茎干中空易折断，上部枯死。预防茎枯病要在种植前对苗木进行炼苗，增强茎秆硬化程度，使其抗性增强，植株变壮。

化学防治：苗木发病初期喷施75%百菌清可湿性粉剂600倍液或50%扑海因可湿性粉剂1000倍液。

（七）猝倒病

猝倒病是一种土传病害，是由土壤里腐霉菌、镰刀菌危害引起的。在温度高、浇水过多、通风不良的情况下，最容易引发此病。发病初期茎基部出现黄褐色水渍状病斑，后发展至绕茎一周，病部组织腐烂、干枯缢缩呈线状，出现猝倒现象。

化学防治：在基质中加500倍的枯草芽孢杆菌可有效预防猝倒病的发生。一旦有零星发病，可用波尔多（硫酸铜：熟石灰：水=1：1：150）1000倍液或64%杀毒矾可湿性粉剂800倍液喷洒，以提高防治效果，每隔7～10d喷1次，连喷2～3次。

（八）灰霉病

由灰葡萄孢（*Botrytis cinerea* Pers. ex Fr.）引起，主要危害叶片，也可发生于茎或叶柄。病斑周围叶片组织褪绿而呈红色至粉红色，潮湿条件下病斑迅速扩大，导致整张叶片腐烂，病组织表面密布灰色霉层。病害多数从植株中、下部叶片开始发生，并逐渐向上扩展，最后可侵染心叶，导致植株死亡。

化学防治：用75%百菌清可湿性粉剂800倍液或58%甲霜灵锰锌可湿性粉剂800倍液喷雾防治，每隔7天喷1次，连喷1～2次。

（九）白粉病

症状：初期为粉状不规则病斑，边缘不明显，随后病斑不断扩大，表面逐渐生出白粉斑，后期整个叶片布满白粉，最后叶片变黄枯萎死亡。

发病规律：地间相对湿度大，温度在24～30℃，此病易流行。同时地间种植密度过大，光照不足，通风透气不好，氮肥过多，植株徒长易发病。

农业防治：播种前先在阳光下晒种，杀灭种子表皮杂菌，播种时再对种子进行消毒；发现病株及时拔除、集中销毁。

化学防治：喷施25%多菌灵500倍液或15%粉锈宁1000倍液。

（十）白绢病

由罗氏小核菌（*Sclerotium rolfsii* Sacc.）引起，主要危害根部及茎基部分。初发病时基部出现水渍状黄色病斑，后迅速扩展至根部，随后叶片萎蔫、茎秆呈褐色腐烂，容易折断。严重时在病部产生白色绢丝状菌丝，呈辐射状延伸，并在根际土表蔓延。发病后期，菌丝体常交织形成初为白色，后渐变为黄色，最终形成褐色圆形、菜籽状菌核。将病株整株拔起，可见根部皮层软腐，全部坏死。

农业防治：结合天气状况，适当加强大棚内空气流通，改善通风条件，控制基质的湿度，减少病害发生；发现病株立即拔除烧毁，并用生石灰粉处理病穴。

化学防治：一般用50%多菌灵可湿性粉剂800倍，70%甲基托布津可湿性粉剂800倍液或75%百菌清可湿性粉剂800倍液喷雾防治，每7天喷一次，连喷1~2次；严重时将病株连其周围基质一起清除，并用50%腐霉利可湿性粉剂500倍液喷雾，一般每隔7天喷一次，连喷2~3次。

（十一）枯萎病

农业防治：应避免土地积水，避免连作。

化学防治：发病初期使用100亿CFU/g的枯草芽孢杆菌1000倍液喷灌防治，间隔7～10d，连续2次。

二、常见虫害防治措施

（一）斜纹夜蛾

危害期主要为4～11月，多在清晨或傍晚出来危害。成虫以吃食叶片为主，使植株不能进行正常生长，严重时能把幼芽都啃食，并排泄粪便造成污染。

农业防治：及时摘除卵块或初孵幼虫群集的“纱窗叶”。

物理防治：利用杀虫灯、性信息素诱捕器等诱杀害虫。

化学防治：在幼虫低龄期选用高效低毒低残留农药进行喷雾防治，药剂可选用斜纹夜蛾核型多角体病毒、棉铃虫核型多角体病毒、苏云金杆菌等。

（二）蜗牛和蛞蝓

在整个生长期都可危害，常咬食嫩芽、嫩叶。一般白天潜伏阴处，夜间爬出活动危害，雨天危害较重。

化学防治：1. 用菜叶或青草毒饵诱杀。即用50%辛硫磷乳油0.5kg加鲜草50kg拌湿，于傍晚撒在地间四周或沟边诱杀；2. 在畦四周撒生石灰或6%四聚乙醛颗粒剂拌细沙撒施，防止蜗牛和蛞蝓爬入畦内危害。

（三）蚜虫

蚜虫危害期为4～6月温暖时期。蚜虫主要危害植株的嫩叶、嫩芽、茎等部位，它们吸食这些部位的液汁和养分，致使植株缺少营养而发黄枯萎，它们的排泄物也能致使霉菌生长，影响植株的整个生长。

农业防治：清洁田园，铲除周围杂草，减少蚜虫迁入。

化学防治：使用吡虫啉、除虫菊素等进行喷雾防治。

（四）红蜘蛛

红蜘蛛俗称火龙，因红蜘蛛为刺吸式口器，常聚集叶背刺吸汁液。受害叶片开始为白色小斑点，继而褪绿变为黄白色，严重时叶片枯黄呈锈褐色，如火烧一样，故此得名。造成落叶，果实发育缓慢，果实皮质粗糙，植株枯死。

农业防治：及时清除田块及其附近的杂草；高温干旱天气加强水肥管理，防止地间湿度过低。收获后彻底清除病残叶，浇水并深翻地块，破坏其越冬场所。

化学防治：红蜘蛛的化学防治须加强虫情调查，力争防治在点片发生阶段，用药时重点喷洒叶背。可选用73%螨特乳油1000倍液或40%菊马乳油2000～2500倍液。每周喷洒一次，交替用药，连续喷洒2～3次防治效果较好。

（五）金龟子

金龟子啮食植株根、块茎或幼苗，为主要的地下害虫。

物理方法：成虫发生和危害时，利用成虫假死性，敲震重楼茎干，震落成虫并及时收集消灭；晚间用灯诱杀成虫。

化学防治：用90%晶体敌百虫1000倍液，或80%敌敌畏1500倍液，或20%杀灭菊酯3000倍液等在6～7月叶片上喷洒；用200倍石灰过量式波尔多液；成虫及幼虫发生期可在土壤中施药毒杀，每亩用3%呋喃颗粒剂1～1.5kg，与沙土充分混合，均匀撒布地面，或用锄耙，使药土混合；每亩用90%敌百虫50～70g拌20kg细土撒施；用50%辛硫磷乳剂0.5kg拌鲜菜叶或草50kg作成毒饵，每亩撒施5kg诱杀幼虫。

（六）黑翅白蚁

危害症状：主要蛀食灵芝段木，在靠近地面的一端筑泥路挖洞，钻入段木皮层下蛀食做巢，以段木及菌丝体作食料，不仅损坏段木树皮还能蛀食木质内部。蛀出多个不规则的孔洞，孔洞四周附着泥土，被侵害的灵芝产量受到较大影响，菌段常被蛀食一空，减产减收。

农业防治：①选好场地，避开蚁源：土栖性白蚁多潜居在野外山岗腐殖质较多的林地或杂草丛中。因此，栽培场应选向南或向东南、西南日照充足的缓坡地，场内及其周围的腐烂树桩和杂草均应清除干净。②挖深沟防蚁：建棚时应在棚的四周挖一条深50cm、宽40cm的环形坑，灌水淹死或驱出白蚁。③在场地外围挖长-宽-深各30cm的小坑，埋入松木、狼衣草，再压上泥土，2周后检查，发现有白蚁，用白蚁专用的药物进行诱杀。

（七）灵芝膜喙扁蝽

危害症状：成虫、若虫群集潜栖在栽培窖内，主要刺吸蛀蚀菌种、菌丝层及菌核内的汁液，随后受害部位出现变色斑块，并携带霉菌，招致病害，从而影响菌种成活及菌核生长。

农业防治：①合理轮作。②适时提前排放新段木。③诱集越冬成虫，集中消灭。

（八）地老虎

地老虎又名切根虫、夜盗虫，为多食性作物害虫。危害叶片、块茎和根，使植株倒伏或成不规则的凹洞。

化学防治：按照糖、醋、酒、水比例为3∶4∶1∶2，糖醋液中加入少量乐斯本，装进诱杀盆，白天盖好，晚上掀起诱杀；在成虫大量发生初期选用50%辛硫磷乳油1000倍液、10%吡虫啉1500倍液喷施防治。

物理防治：黑光灯诱杀成虫。灯下放置盛虫的容器，内装适量的水，水中滴入少许煤油。

（九）蛴螬

蛴螬为金龟子幼虫的总称，土名为“白字虫”“白地蚕”，是常见的地下害虫。危害前胡的为暗黑鳃金龟（*Holotrinta morosfg* Watech）和铜绿丽金龟（Anomala corpulenta Motschulsky）。蛴螬在前胡苗期咬食嫩茎，7月中旬后咬食根茎基部，形成麻点或凹凸不平的空洞，使植株逐渐黄萎，严重时枯死。

化学防治：按照糖、醋、酒、水比例为3∶4∶1∶2，糖醋液中加入少量乐斯本，装进诱杀盆，白天盖好，晚上打开盖子诱杀。

物理防治：黑光灯诱杀成虫。灯下放置盛虫的容器，内装适量的水，水中滴入少许煤油。

（十）灵芝谷蛾

灵芝谷蛾为鳞翅目谷蛾科的一个物种。在覆土灵芝上，谷蛾钻蛀芝体，取食芝内容物，并将粪便排出芝体表面，发生严重时，可把芝体食光。幼虫蛀食多孔菌类。发现在段木灵芝、蜜环菌棒、代料灵芝和平菇的培养基及菇体上进行危害。

化学防治：2.5%溴氰菊酯1000～2000倍液，20%速灭杀丁1000～2000倍液或鱼藤精800～1000倍喷洒。

物理防治：加强栽培管理，缩短出菇期，清除废弃物，消灭越冬虫源。根据食丝谷蛾的习性，进行人工捕杀。

附录二
林下中药材禁止使用的农药

六六六、滴滴涕、毒杀芬、二溴氯丙烷、杀虫脒、二溴乙烷、环氧乙烷、溴甲烷、砷酸钙、砷酸铅、除草醚、艾氏剂、狄氏剂、汞制剂、砷、铅类、敌枯双、氟乙酰胺、甘氟、毒鼠强、毒鼠硅、甲胺磷、氟虫腈、甲基对硫磷、对硫磷、久效磷、磷铵、甲拌磷、甲基异柳磷、特丁硫磷、甲基硫环磷、乙拌磷、治螟磷、磷化钙、磷化镁、磷化锌、硫线磷、内吸磷、克百威、涕灭威、灭多威、丁硫克百威、丙硫克百威、灭线磷、硫环磷、蝇毒磷、地虫硫磷、氯唑磷、苯线磷、氧化乐果、磷胺、灭克磷（益收宝）、水胺硫磷、杀扑磷、克线丹、五氯酚钠、三氯杀螨醇、氯磺隆、胺苯磺隆、甲磺隆、福美胂、福美甲胂、毒死蜱、三唑磷、林丹、百草枯水剂、甲基砷酸锌（稻脚青）、甲基砷酸钙胂（稻宁）、甲基砷酸铁铵（田安）、福美甲砷、福美砷、氯化乙基汞（西力生）、醋酸苯汞（塞力散）、氟化钙、氟化钠、氟乙酸钠、氟铝酸胺、氟硅酸钠、稻瘟净、导稻瘟净、五氯硝基苯、稻瘟醇（五氯苯甲醇）等其他高毒、高残留农药及除草剂。

附录三
药材规范包装、贮藏、运输和档案管理

一、包装

包装储运图示标志按 GB/T 191—2016规定执行。种子和种苗应附有标签，标明种子（或种苗）名称、等级、数量、批号、产地、生产单位、保存期等。产品应附标签，标明产品名称、生产单位名称、详细地址、生产日期、批号、质量等级、保质期、净含量、产品标准号和商标等内容，标签要醒目、整齐，字迹应清晰、完整、准确。

种子应用无污染的编织袋、布袋或消毒后的玻璃瓶等包装，种苗应用洁净、无污染、透气的塑料筐或纸箱等包装。产品包装应符合牢固、整洁、防潮、美观的要求。包装材料应符合食品级的要求。

二、贮藏

贮藏仓库应清洁无异味，远离有毒、有异味、有污染的物品；通风、干燥、避光、配有除湿装置，并具有防虫、鼠、畜禽的措施。鲜品应置于具有一定湿度的阴凉库中。产品应存放在货架上，与墙壁保持足够的距离，不应有虫蛀、霉变、腐烂等现象发生，并定期检查，发现变质，应当剔除。

三、运输和档案管理

种子种苗运输时不能堆压过紧，装运的车厢应有空调。跨县级行政区域调运种子种苗应按有关规定办理出运手续，并应附有植物检疫证书。产品运输工具应清洁卫生、干燥、无异味，不应与有毒、有异味、有污染的物品混装混运。运输途中应防雨、防潮、防暴晒。

实施药材生产信息体系建设和管理，栽培单位应保存完整、真实的产地环境质量资料、生产栽培管理和销售记录。生产栽培管理和销售记录包括投入物品的品种、来源、数量、购买时间与地点、用法、使用时间，种植管理操作的时间、方法，收获与初加工的时间、方法、操作人员，产品销售等。生产周期结束后档案保存3年以上。